Inhalt

MATHEMATIK

PHYSIK

ASTRONOMIE

CHEMIE

BIOLOGIE

INFORMATIK

Mathematik

Zahlen, Zeichen, Ziffern

Mathematische Zeichen

Zahlen, Relationen, Operationen	
$+; -$	plus; minus
$\cdot; :$	mal; geteilt durch
$=; \neq$	gleich; ungleich
$\approx$	angenähert gleich, rund
$<; >$	kleiner als; größer als
$\leq$	kleiner gleich (kleiner oder gleich)
$\geq$	größer gleich (größer oder gleich)
$\mid; \nmid$	teilt; teilt nicht
…	und so weiter (bis)
$-a$	minus a (entgegengesetzte Zahl zu a)
$0{,}2\overline{51}$	periodischer Dezimalbruch (Periode 51)
%; ‰	Prozent; Promille
$\lvert z \rvert$	Betrag von z
$\sim$	proportional; in der Geometrie: ähnlich
$\widehat{=}$	entspricht
$\sqrt{\ }$	Wurzel aus (Quadratwurzel aus)
$\sqrt[n]{\ }$	n-te Wurzel aus
∞	unendlich
$f(x)$	Funktionssymbol (auch: f: $x \rightarrow f(x)$)
$(a; b)$	offenes Intervall (ohne a und b), (auch: $a < x < b$)
$[a; b]$	abgeschlossenes Intervall (mit a und b), (auch: $a \leq x \leq b$)
$[a; b)$	halboffenes Intervall (mit a, aber ohne b), (auch $a \leq x < b$)
$\log_a b$	Logarithmus b zur Basis a
$\lg x$	dekadischer Logarithmus von x (Basis 10)
$\ln x$	natürlicher Logarithmus von x (Basis e)
e	Euler'sche Zahl (e = 2,718 281 828 459 …)
$n!$	n Fakultät ($1 \cdot 2 \cdot 3 \cdot \ldots \cdot n$)
$\binom{n}{p}$	n über p (Binomialkoeffizient)
p	Wahrscheinlichkeit eines Ergebnisses
$P(A)$	Wahrscheinlichkeit für das Eintreten eines Ereignisses A
sin; cos	Sinus; Kosinus
tan; cot	Tangens; Kotangens
π	Kreiszahl (π = 3,141 592 653 589 …)
(a_n)	Folge a_n
$\sum_{i=1}^{n} a_i$	Summe über alle a_i von $i = 1$ bis n

Mengen	
$[a; b]$	geordnetes Paar (auch: $(a; b)$)
$\{a; b\}$	Menge der Elemente a und b
$\{a; b; \ldots\}$	Menge der Elemente a; b; …
$\{x \mid \ldots\}$	Menge aller x, für die gilt …
$\in; \notin$	Element von; nicht Element von
$\subset; \subseteq$	echte Teilmenge von; Teilmenge von
$\emptyset$	leere Menge
$A \cap B$	Schnittmenge, Durchschnitt (gesprochen: A geschnitten B)
$A \cup B$	Vereinigungsmenge (gesprochen: A vereinigt B)
$A \setminus B$	Differenzmenge (gesprochen: A minus B)
$\overline{A}$	Komplementärmenge zu A

Geometrie	
$\parallel; \nparallel$	parallel zu; nicht parallel zu
$\perp$	senkrecht auf
$\triangle$	Dreieck
AB	Gerade AB
$\overline{AB}$	Strecke AB
$\overrightarrow{AB}$	Strahl AB (mit dem Anfangspunkt A)
$\overset{\frown}{AB}$	Bogen AB (Kreisbogen von A nach B)
$\sphericalangle$	Winkel
$\sphericalangle AOB$	Winkel AOB (mit dem Scheitel O)
⦜	rechter Winkel
$\sphericalangle$ (orientiert)	orientierter Winkel (mit vorgegebener Drehrichtung)
$^\circ; '; ''$	Grad; Minute; Sekunde (Winkeleinheiten)
arc α	Arcus α (Winkeleinheit im Bogenmaß)
$\cong; \ncong$	kongruent; nicht kongruent
$\sim$	ähnlich

Logik	
$\neg$	nicht
$\wedge$	und
$\vee$	oder
$\Rightarrow$	wenn, dann …
$\Leftrightarrow$	genau dann, wenn …

Griechisches Alphabet (Druckbuchstaben)

A	α	Alpha	H	η	Eta	N	ν	Ny	T	τ	Tau
B	β	Beta	Θ	ϑ	Theta	Ξ	ξ	Xi	Y	υ	Ypsilon
Γ	γ	Gamma	I	ι	Jota	O	o	Omikron	Φ	φ	Phi
Δ	δ	Delta	K	κ	Kappa	Π	π	Pi	X	χ	Chi
E	ε	Epsilon	Λ	λ	Lambda	P	ϱ	Rho	Ψ	ψ	Psi
Z	ζ	Zeta	M	μ	My	Σ	σ, ς	Sigma	Ω	ω	Omega

Rechenoperationen

1. Stufe	Addition	$a + b = c$	a, b Summanden	c Summe
	Subtraktion	$a - b = c$	a Minuend	b Subtrahend c Differenz
2. Stufe	Multiplikation	$a \cdot b = c$	a, b Faktoren	c Produkt
	Division	$a : b = c \; (b \neq 0)$	a Dividend	b Divisor c Quotient
3. Stufe	Potenzieren	$a^b = c$	a Basis der Potenz	b Exponent c Potenz
	Radizieren	$\sqrt[a]{b} = c \; (b \geq 0)$	a Wurzelexponent	b Radikand c Wurzel
	Logarithmieren	$\log_a b = c \; (a > 0; a \neq 1)$	a Basis	b Numerus c Logarithmus

Sind mehrere *Rechenoperationen verschiedener Stufe* auszuführen, so haben stets die Operationen der höheren Stufe den Vorrang. Zuerst müssen jedoch die Operationen in den Klammern ausgeführt werden.

Sind mehrere Zahlen durch *Rechenoperationen gleicher Stufe* verknüpft, so werden die Operationen in der Regel schrittweise von links nach rechts ausgeführt.

Termumformungen

Rechengesetze	$a + b = b + a$	Kommutativgesetz der Addition
	$a \cdot b = b \cdot a$	Kommutativgesetz der Multiplikation
	$a + (b + c) = (a + b) + c$	Assoziativgesetz der Addition
	$a \cdot (b \cdot c) = (a \cdot b) \cdot c$	Assoziativgesetz der Multiplikation
	$a \cdot (b + c) = a \cdot b + a \cdot c$	Distributivgesetze
	$a \cdot (b - c) = a \cdot b - a \cdot c$	
	$(a + b) : c = a : c + b : c \; (c \neq 0)$	
	$(a - b) : c = a : c - b : c \; (c \neq 0)$	
Auflösen von Klammern	$a + (b + c) = a + b + c$	$a + (b - c) = a + b - c$
	$a - (b + c) = a - b - c$	$a - (b - c) = a - b + c$
Ausmultiplizieren	$(a + b) \cdot (c + d) = ac + ad + bc + bd$	$(a + b) \cdot (c - d) = ac - ad + bc - bd$
	$(a - b) \cdot (c + d) = ac + ad - bc - bd$	$(a - b) \cdot (c - d) = ac - ad - bc + bd$
Binomische Formeln	$(a + b)^2 = a^2 + 2ab + b^2$ $\quad (a - b)^2 = a^2 - 2ab + b^2$	$(a + b) \cdot (a - b) = a^2 - b^2$

Mittelwerte

	bei 2 Größen a_1, a_2	bei n Größen $a_1, a_2, \ldots, a_n$
Arithmetisches Mittel	$A = \frac{a_1 + a_2}{2}$	$A = \frac{a_1 + a_2 + \ldots + a_n}{n} = \frac{1}{n} \sum_{i=1}^{n} a_i$
Geometrisches Mittel	$G = \sqrt{a_1 \cdot a_2}$	$G = \sqrt[n]{a_1 \cdot a_2 \cdot \ldots \cdot a_n}$

Teiler und Vielfache natürlicher Zahlen

Teiler ($a \mid b$) Vielfaches	a heißt Teiler von b, wenn es eine natürliche Zahl n gibt, sodass $a \cdot n = b$ gilt. Wenn a ein Teiler von b ist, so ist b ein Vielfaches von a.	
Größter gemeinsamer Teiler (ggT)	Beim Vergleich der Teiler zweier oder mehrerer Zahlen findet man den ggT.	Beispiel: 9 : 1, 3, 9 12 : 1, 2, 3, 4, 6, 12
Kleinstes gemeinsames Vielfaches (kgV)	Beim Vergleich der Vielfachen zweier oder mehrerer Zahlen findet man das kgV.	Beispiel: 9 : 9, 18, 27, 36, 45, … 12 : 12, 24, 36, 48, …

Teilbarkeitsregeln

Teiler t	Eine natürliche Zahl ist durch t teilbar, …
2	wenn sie auf 0, 2, 4, 6 oder 8 endet, sonst nicht.
3	wenn ihre Quersumme (Summe aller Ziffern) durch 3 teilbar ist, sonst nicht.
4	wenn ihre letzten beiden Ziffern eine durch 4 teilbare Zahl darstellen, sonst nicht.
5	wenn sie auf 0 oder 5 endet, sonst nicht.
6	wenn sie durch 2 und durch 3 teilbar ist, sonst nicht.
8	wenn ihre letzten drei Ziffern eine durch 8 teilbare Zahl darstellen, sonst nicht.
9	wenn ihre Quersumme (Summe aller Ziffern) durch 9 teilbar ist, sonst nicht.
10	wenn sie auf 0 endet, sonst nicht.

Primzahlen

Natürliche Zahlen, die größer als 1 und nur durch 1 und durch sich selbst teilbar sind, heißen Primzahlen.

2	43	103	173	241	317	401	479	571	647	739	827	919
3	47	107	179	251	331	409	487	577	653	743	829	929
5	53	109	181	257	337	419	491	587	659	751	839	937
7	59	113	191	263	347	421	499	593	661	757	853	941
11	61	127	193	269	349	431	503	599	673	761	857	947
13	67	131	197	271	353	433	509	601	677	769	859	953
17	71	137	199	277	359	439	521	607	683	773	863	967
19	73	139	211	281	367	443	523	613	691	787	877	971
23	79	149	223	283	373	449	541	617	701	797	881	977
29	83	151	227	293	379	457	547	619	709	809	883	983
31	89	157	229	307	383	461	557	631	719	811	887	991
37	97	163	233	311	389	463	563	641	727	821	907	997
41	101	167	239	313	397	467	569	643	733	823	911	

Römische Zahlzeichen

I	1	V	5	X	10	L	50	C	100	D	500	M	1000

Stehen diese Ziffern nebeneinander, so wird je nach ihrer Reihenfolge addiert bzw. subtrahiert.

1	I	6	VI	11	XI	16	XVI	40	XL	90	XC	500	D
2	II	7	VII	12	XII	17	XVII	50	L	100	C	600	DC
3	III	8	VIII	13	XIII	18	XVIII	60	LX	200	CC	700	DCC
4	IV	9	IX	14	XIV	19	XIX	70	LXX	300	CCC	800	DCCC
5	V	10	X	15	XV	20	XX	80	LXXX	400	CD	900	CM

Zahlen im Zehnersystem/Dezimalzahlen

Im dekadischen Zahlensystem, kurz: Zehnersystem oder Dezimalsystem, wird als Basis die Zahl 10 benutzt, d. h. die einzelnen Stellen sind Potenzen von 10 (**Zehnerpotenzen**).
Zur Darstellung der einzelnen Zahlen werden die zehn Ziffern 0, 1, 2, 3, 4, 5, 6, 7, 8 und 9 benutzt.
Die Stelle einer Ziffer innerhalb der ganzen Zahl ergibt ihren Wert.
Eine **Stellentafel** im Dezimalsystem hat folgende Form:

Billionen			Milliarden			Millionen			Tausend					
10^{14}	10^{13}	10^{12}	10^{11}	10^{10}	10^{9}	10^{8}	10^{7}	10^{6}	10^{5}	10^{4}	10^{3}	10^{2}	10^{1}	10^{0}
					4	3	0	5	2	6	0	0	4	4

Für die in der dezimalen Stellentafel dargestellte Zahl 4 305 260 044 gilt:

$$4\,305\,260\,044 = 4 \cdot 10^9 + 3 \cdot 10^8 + 5 \cdot 10^6 + 2 \cdot 10^5 + 6 \cdot 10^4 + 4 \cdot 10^1 + 4 \cdot 10^0$$
$$= 4 \cdot 1\,000\,000\,000 + 3 \cdot 100\,000\,000 + 5 \cdot 1\,000\,000 + 2 \cdot 100\,000 + 6 \cdot 10\,000 + 4 \cdot 10 + 4 \cdot 1$$

Die in der Stellentafel dargestellte Zahl 4 305 260 044 lautet:
vier Milliarden dreihundertfünf Millionen zweihundertsechzig Tausend vierundvierzig.

Zahlen im Zweiersystem/Dualzahlen

Im dualen Zahlensystem, kurz: Zweiersystem oder Dualsystem, wird als Basis die Zahl 2 benutzt, d. h. die einzelnen Stellen sind Potenzen von 2.
Zur Darstellung der einzelnen Zahlen werden nur zwei Ziffern benötigt: 0 und 1.
Eine Stellentafel im Dualsystem hat folgende Form:

2^{10} (= 1024)	2^{9} (= 512)	2^{8} (= 256)	2^{7} (= 128)	2^{6} (= 64)	2^{5} (= 32)	2^{4} (= 16)	2^{3} (= 8)	2^{2} (= 4)	2^{1} (= 2)	2^{0} (= 1)
		1	0	1	0	1	1	0	1	1

Für die in der dualen Stellentafel dargestellte Zahl $[101011011]_2$ gilt:

$$[101011011]_2 = 1 \cdot 2^8 + 1 \cdot 2^6 + 1 \cdot 2^4 + 1 \cdot 2^3 + 1 \cdot 2^1 + 1 \cdot 2^0$$
$$= 256 + 64 + 16 + 8 + 2 + 1 = 347$$

Für die Addition von Dualzahlen gilt: $0 + 0 = 0$; $0 + 1 = 1$; $1 + 0 = 1$; $1 + 1 = 10$
Für die Multiplikation von Dualzahlen gilt: $0 \cdot 0 = 0$; $0 \cdot 1 = 0$; $1 \cdot 0 = 0$; $1 \cdot 1 = 1$

Zahlen im Hexadezimalsystem/Hexadezimalzahlen

Im Hexadezimalsystem, wird als Basis die Zahl 16 benutzt, d. h. die einzelnen Stellen sind Potenzen von 16.
Zur Darstellung der einzelnen Zahlen werden 16 Ziffern benötigt: 0, 1, 2, 3, 4, 5, 6, 7, 8, 9, A, B, C, D, E, F.
Eine Stellentafel im Hexadezimalsystem hat folgende Form:

16^{8} (= 4 294 967 296)	16^{7} (= 268 435 456)	16^{6} (= 16 777 216)	16^{5} (= 1 048 576)	16^{4} (= 65 536)	16^{3} (= 4 096)	16^{2} (= 256)	16^{1} (= 16)	16^{0} (= 1)
		A	0	6	0	3	7	F

Für die in der hexadezimalen Stellentafel dargestellte Zahl $[A06037F]_{16}$ gilt:

$$[A06037F]_{16} = 10 \cdot 16^6 + 6 \cdot 16^4 + 3 \cdot 16^2 + 7 \cdot 16^1 + 15 \cdot 16^0$$
$$= 10 \cdot 16\,777\,216 + 6 \cdot 65\,536 + 3 \cdot 256 + 7 \cdot 16 + 15 \cdot 1 = 168\,166\,271$$

Umrechnungstafel Dezimalzahlen ($[\,]_{10}$), Hexadezimalzahlen ($[\,]_{16}$), Dualzahlen ($[\,]_{2}$)

$[\,]_{10}$	$[\,]_{16}$	$[\,]_{2}$	$[\,]_{10}$	$[\,]_{16}$	$[\,]_{2}$	$[\,]_{10}$	$[\,]_{16}$	$[\,]_{2}$	$[\,]_{10}$	$[\,]_{16}$	$[\,]_{2}$	$[\,]_{10}$	$[\,]_{16}$	$[\,]_{2}$
0	0	00000000	52	34	00110100	104	68	01101000	156	9C	10011100	208	D0	11010000
1	1	00000001	53	35	00110101	105	69	01101001	157	9D	10011101	209	D1	11010001
2	2	00000010	54	36	00110110	106	6A	01101010	158	9E	10011110	210	D2	11010010
3	3	00000011	55	37	00110111	107	6B	01101011	159	9F	10011111	211	D3	11010011
4	4	00000100	56	38	00111000	108	6C	01101100	160	A0	10100000	212	D4	11010100
5	5	00000101	57	39	00111001	109	6D	01101101	161	A1	10100001	213	D5	11010101
6	6	00000110	58	3A	00111010	110	6E	01101110	162	A2	10100010	214	D6	11010110
7	7	00000111	59	3B	00111011	111	6F	01101111	163	A3	10100011	215	D7	11010111
8	8	00001000	60	3C	00111100	112	70	01110000	164	A4	10100100	216	D8	11011000
9	9	00001001	61	3D	00111101	113	71	01110001	165	A5	10100101	217	D9	11011001
10	A	00001010	62	3E	00111110	114	72	01110010	166	A6	10100110	218	DA	11011010
11	B	00001011	63	3F	00111111	115	73	01110011	167	A7	10100111	219	DB	11011011
12	C	00001100	64	40	01000000	116	74	01110100	168	A8	10101000	220	DC	11011100
13	D	00001101	65	41	01000001	117	75	01110101	169	A9	10101001	221	DD	11011101
14	E	00001110	66	42	01000010	118	76	01110110	170	AA	10101010	222	DE	11011110
15	F	00001111	67	43	01000011	119	77	01110111	171	AB	10101011	223	DF	11011111
16	10	00010000	68	44	01000100	120	78	01111000	172	AC	10101100	224	E0	11100000
17	11	00010001	69	45	01000101	121	79	01111001	173	AD	10101101	225	E1	11100001
18	12	00010010	70	46	01000110	122	7A	01111010	174	AE	10101110	226	E2	11100010
19	13	00010011	71	47	01000111	123	7B	01111011	175	AF	10101111	227	E3	11100011
20	14	00010100	72	48	01001000	124	7C	01111100	176	B0	10110000	228	E4	11100100
21	15	00010101	73	49	01001001	125	7D	01111101	177	B1	10110001	229	E5	11100101
22	16	00010110	74	4A	01001010	126	7E	01111110	178	B2	10110010	230	E6	11100110
23	17	00010111	75	4B	01001011	127	7F	01111111	179	B3	10110011	231	E7	11100111
24	18	00011000	76	4C	01001100	128	80	10000000	180	B4	10110100	232	E8	11101000
25	19	00011001	77	4D	01001101	129	81	10000001	181	B5	10110101	233	E9	11101001
26	1A	00011010	78	4E	01001110	130	82	10000010	182	B6	10110110	234	EA	11101010
27	1B	00011011	79	4F	01001111	131	83	10000011	183	B7	10110111	235	EB	11101011
28	1C	00011100	80	50	01010000	132	84	10000100	184	B8	10111000	236	EC	11101100
29	1D	00011101	81	51	01010001	133	85	10000101	185	B9	10111001	237	ED	11101101
30	1E	00011110	82	52	01010010	134	86	10000110	186	BA	10111010	238	EE	11101110
31	1F	00011111	83	53	01010011	135	87	10000111	187	BB	10111011	239	EF	11101111
32	20	00100000	84	54	01010100	136	88	10001000	188	BC	10111100	240	F0	11110000
33	21	00100001	85	55	01010101	137	89	10001001	189	BD	10111101	241	F1	11110001
34	22	00100010	86	56	01010110	138	8A	10001010	190	BE	10111110	242	F2	11110010
35	23	00100011	87	57	01010111	139	8B	10001011	191	BF	10111111	243	F3	11110011
36	24	00100100	88	58	01011000	140	8C	10001100	192	C0	11000000	244	F4	11110100
37	25	00100101	89	59	01011001	141	8D	10001101	193	C1	11000001	245	F5	11110101
38	26	00100110	90	5A	01011010	142	8E	10001110	194	C2	11000010	246	F6	11110110
39	27	00100111	91	5B	01011011	143	8F	10001111	195	C3	11000011	247	F7	11110111
40	28	00101000	92	5C	01011100	144	90	10010000	196	C4	11000100	248	F8	11111000
41	29	00101001	93	5D	01011101	145	91	10010001	197	C5	11000101	249	F9	11111001
42	2A	00101010	94	5E	01011110	146	92	10010010	198	C6	11000110	250	FA	11111010
43	2B	00101011	95	5F	01011111	147	93	10010011	199	C7	11000111	251	FB	11111011
44	2C	00101100	96	60	01100000	148	94	10010100	200	C8	11001000	252	FC	11111100
45	2D	00101101	97	61	01100001	149	95	10010101	201	C9	11001001	253	FD	11111101
46	2E	00101110	98	62	01100010	150	96	10010110	202	CA	11001010	254	FE	11111110
47	2F	00101111	99	63	01100011	151	97	10010111	203	CB	11001011	255	FF	11111111
48	30	00110000	100	64	01100100	152	98	10011000	204	CC	11001100			
49	31	00110001	101	65	01100101	153	99	10011001	205	CD	11001101			
50	32	00110010	102	66	01100110	154	9A	10011010	206	CE	11001110			
51	33	00110011	103	67	01100111	155	9B	10011011	207	CF	11001111			

Rechnen mit gebrochenen Zahlen

Erweitern	$\frac{a}{b} = \frac{a \cdot c}{b \cdot c}$ $(b \neq 0,\ c \neq 0)$	
Kürzen	$\frac{a}{b} = \frac{a : c}{b : c}$ $(b \neq 0,\ c \neq 0,\ a$ und b teilbar durch $c)$	
Addition/ Subtraktion	$\frac{a}{b} + \frac{c}{d} = \frac{ad + bc}{bd}$ $(b \neq 0,\ d \neq 0)$	$\frac{a}{b} - \frac{c}{d} = \frac{ad - bc}{bd}$ $(b \neq 0,\ d \neq 0)$
Multiplikation/ Division	$\frac{a}{b} \cdot \frac{c}{d} = \frac{a \cdot c}{b \cdot d}$ $(b \neq 0,\ d \neq 0)$	$\frac{a}{b} : \frac{c}{d} = \frac{a \cdot d}{b \cdot c}$ $(b \neq 0,\ c \neq 0,\ d \neq 0)$

Rundungsregeln

Abrunden	Folgt der Rundungsstelle eine 0, 1, 2, 3 oder 4, so wird abgerundet, d. h. die Rundungsstelle bleibt wie sie ist, alle folgenden Ziffern werden durch 0 ersetzt.
Aufrunden	Folgt der Rundungsstelle eine 5, 6, 7, 8 oder 9, so wird aufgerundet, d. h. die Rundungsstelle wird um 1 erhöht, alle folgenden Ziffern werden durch 0 ersetzt.

Näherungswerte

Näherungswerte	Näherungswerte erhält man beim Messen und beim Runden. Auch beim Rechnen mit Dezimalbrüchen benutzt man oft Näherungswerte.
Abweichung vom genauen Wert	Ein Näherungswert weicht i. Allg. vom (meist unbekannten) genauen Wert um nicht mehr als die Hälfte des Stellenwertes der letzten Ziffer ab.
Faustregeln für das Rechnen mit Näherungswerten	Addition/Subtraktion: Suche den Näherungswert, bei dem die letzte zuverlässige Ziffer am weitesten links steht. Bestimme die Stelle dieser letzten zuverlässigen Ziffer. Runde das Ergebnis auf diese Stelle. Multiplikation/Division: Suche den Näherungswert mit der geringsten Anzahl zuverlässiger Ziffern. Runde das Ergebnis auf die gleiche Anzahl von Ziffern.

Intervalle im Bereich reeller Zahlen

Abgeschlossene Intervalle
$[a; b]$ ist die Menge aller reellen Zahlen x mit $a \leq x \leq b$.
Die Randwerte a und b gehören zum Intervall.

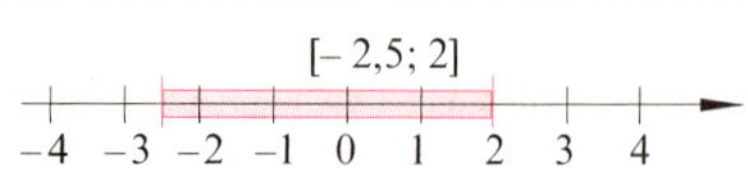

Offene Intervalle
$(a; b)$ ist die Menge aller reellen Zahlen x mit $a < x < b$.
Die Randwerte a und b gehören nicht zum Intervall.
$(a; +\infty)$ ist die Menge aller reellen Zahlen x mit $x > a$.

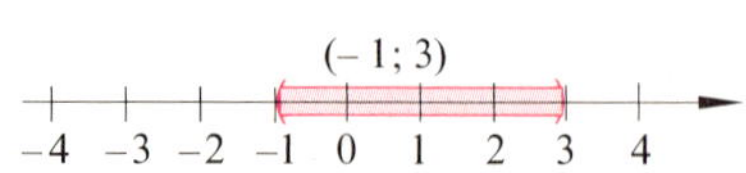

Halboffene Intervalle
$[a; b)$ ist die Menge aller reellen Zahlen x mit $a \leq x < b$.
$(a; b]$ ist die Menge aller reellen Zahlen x mit $a < x \leq b$.
$[a; +\infty)$ ist die Menge aller reellen Zahlen x mit $x \geq a$.
$(-\infty; a]$ ist die Menge aller reellen Zahlen x mit $x \leq a$.

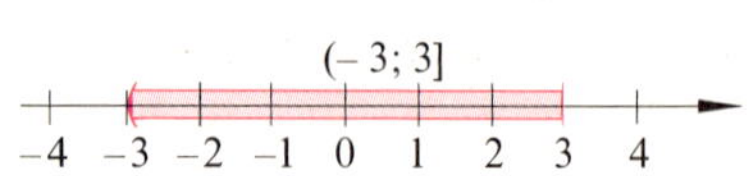

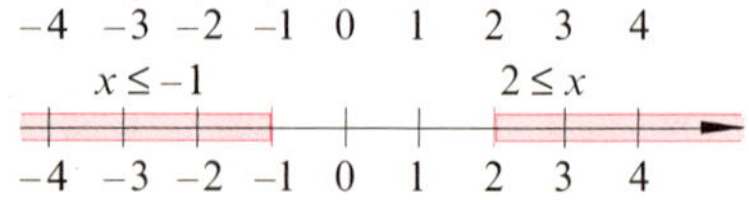

Zahlenbereiche

	Ausführbarkeit von Rechenoperationen	Darstellung auf einer Zahlengeraden
Natürliche Zahlen $\mathbb{N}$ $\mathbb{N} = \{0, 1, 2, \dots\}$	Addition und Multiplikation sind stets ausführbar, Subtraktion und Division nicht immer. *Monotoniegesetze:* Aus $a < b$ folgt $a + c < b + c$. Aus $a < b$ folgt $a \cdot c < b \cdot c$ $(c \neq 0)$.	Den natürlichen Zahlen entsprechen einzelne Punkte im Abstand von 1 auf dem Zahlenstrahl (ab 0). Jede Zahl (außer 0) hat einen Vorgänger und einen Nachfolger.
Ganze Zahlen $\mathbb{Z}$ $\mathbb{Z} = \{\dots, -2, -1, 0, 1, 2, \dots\}$ 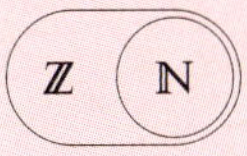 $\mathbb{N} \subset \mathbb{Z}$	Addition, Subtraktion und Multiplikation sind stets ausführbar, Division nicht immer. *Monotoniegesetze:* Aus $a < b$ folgt $a + c < b + c$. Aus $a < b$ folgt $a \cdot c < b \cdot c$, falls $c > 0$. Aus $a < b$ folgt $a \cdot c > b \cdot c$, falls $c < 0$.	Den ganzen Zahlen entsprechen einzelne Punkte im Abstand von 1 auf der Zahlengeraden. Jede Zahl (auch 0) hat einen Vorgänger und einen Nachfolger.
Gebrochene Zahlen $\mathbb{Q}^+$ $\mathbb{Q}^+ = \left\{\frac{p}{q} \middle\| p, q \in \mathbb{N} \text{ und } q \neq 0\right\}$, z. B. $0; 3; \frac{4}{3}; 1{,}37; 0{,}\bar{3}$ 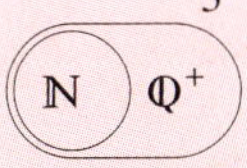 $\mathbb{N} \subset \mathbb{Q}^+$	Addition, Multiplikation und Division (außer durch 0) sind stets ausführbar, Subtraktion nicht immer. *Monotoniegesetze:* Aus $a < b$ folgt $a + c < b + c$. Aus $a < b$ folgt $a \cdot c < b \cdot c$ $(c \neq 0)$.	Die gebrochenen Zahlen liegen dicht auf dem Zahlenstrahl (ab 0), es gibt aber Punkte, zu denen keine gebrochene Zahl gehört. (Lücken auf der Zahlengeraden)
Rationale Zahlen $\mathbb{Q}$ $\mathbb{Q} = \left\{\frac{p}{q} \middle\| p, q \in \mathbb{Z} \text{ und } q \neq 0\right\}$, z. B. $1; \frac{5}{8}; -0{,}\bar{3}; -\frac{1}{17}; 2{,}5$ 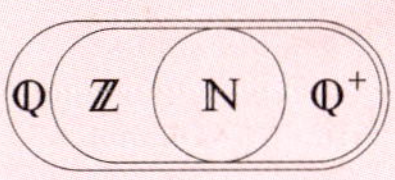 $\mathbb{N} \subset \mathbb{Q}; \mathbb{Z} \subset \mathbb{Q}; \mathbb{Q}^+ \subset \mathbb{Q}$	Addition, Subtraktion, Multiplikation und Division (außer durch 0) sind stets ausführbar; eine Wurzel aus einer rationalen Zahl ist oft keine rationale Zahl, sondern eine irrationale Zahl. *Monotoniegesetze:* Aus $a < b$ folgt $a + c < b + c$. Aus $a < b$ folgt $a \cdot c < b \cdot c$, falls $c > 0$. Aus $a < b$ folgt $a \cdot c > b \cdot c$, falls $c < 0$.	Die rationalen Zahlen liegen dicht auf der Zahlengeraden, es gibt aber Punkte, zu denen keine rationale Zahl gehört. (Lücken auf der Zahlengeraden)
Reelle Zahlen $\mathbb{R}$ z. B. $-3; \frac{5}{2}; \pi; \sqrt{4}; -\sqrt{3}$ 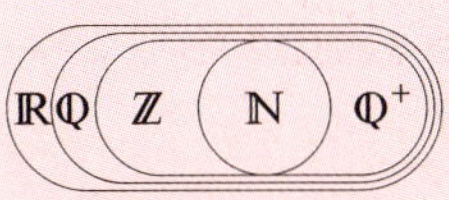 $\mathbb{N} \subset \mathbb{R}; \mathbb{Z} \subset \mathbb{R}; \mathbb{Q}^+ \subset \mathbb{R}; \mathbb{Q} \subset \mathbb{R}$	Addition, Subtraktion, Multiplikation und Division (außer durch 0) sind stets ausführbar; Wurzeln aus positiven, reellen Zahlen können stets gezogen werden. *Monotoniegesetze:* Aus $a < b$ folgt $a + c < b + c$. Aus $a < b$ folgt $a \cdot c < b \cdot c$, falls $c > 0$. Aus $a < b$ folgt $a \cdot c > b \cdot c$, falls $c < 0$.	Jedem Punkt auf der Zahlengeraden entspricht genau eine reelle Zahl.

Taschenrechner-Einmaleins

Vorbemerkung: Die verschiedenen Gerätetypen tragen zum Teil unterschiedliche Tastensymbole.

Zahlen eingeben	Ziffern von links nach rechts eintippen. ① ②	① 59,86 `5` `9` `,` `8` `6` ② 0,704 `,` `7` `0` `4` Anzeige: [0.704]
• negative Zahlen eingeben `+/–`	Nach dem Eingeben der Ziffern die Vorzeichenwechseltaste `+/–` betätigen. ③	③ –680 `6` `8` `0` `+/–` Anzeige: [–680.]

• Zahlen mit abgetrennten Zehnerpotenzen `EEX` ,
(oder `EXP`
oder `EE`)
	Zahlen mit großer Stellenzahl werden mit abgetrennten Zehnerpotenzen eingegeben. Dabei werden die Zahlen als Produkt aus einem Faktor x im Intervall $1 \leq x < 10$ und einer Zehnerpotenz dargestellt. ④ ⑤	④ 598 700 000 000
		`5` `9` `8` `7` `EEX` `8`
		Anzeige: [5987. 08]
		oder: [5987. ^{08}]
		Beim Drücken von `=` oder einer Operationstaste Umspringen auf [5.987 11].
		⑤ $0{,}000\,002\,565\,3 = 2{,}5653 \cdot 10^{-6}$
		`2` `,` `5` `6` `5` `3` `EEX` `6` `+/–`
		Anzeige: [2.5653 –06]

Zahlen löschen `CE·C` (oder `C`)	Einmaliges Betätigen der Löschtaste `CE·C` bzw. `C` bewirkt das Löschen der zuletzt eingegebenen Zahl. ① ②	① 319 `CE·C` löscht 319. ② 319 `–` 19 `CE·C` löscht nur die Zahl 19. Ein anderer Subtrahend (im Falle + oder – auch die entgegengesetzte Operation) kann eingegeben werden: 319 `–` 19 `CE·C` `+` 18 `=` [337.]
• alles löschen `AC`	Zweimaliges Betätigen der Taste `CE·C` (oder einmal `AC`) sichert das Löschen aller eingegebenen Zahlen und Befehle. ③	③ 319 `–` 19 `CE·C` `CE·C` [0.] bzw. 319 `–` 19 `AC` [0.]
• Löschen der jeweils letzten Stelle `→` (oder `▶`)	Diese Rücktaste `→` bzw. `▶` ist nicht bei allen Taschenrechnern vorhanden. Beispiele: ④ ⑤.	④ 219. `→` löscht 9. Anzeige: [21.] ⑤ 21.9 `→` `→` löscht 9 und 1. Anzeige: [2.]
Speichern • Speichertaste `x→M` (oder `MS`, `STO`, `M in`)	Der Druck auf die Speichertaste befördert eine im Rechenwerk befindliche Zahl in den Speicher. Befindet sich schon eine Zahl im Speicher, so wird diese Zahl durch die neu eingespeicherte Zahl verdrängt. ①	① 152 `x→M` [M 152.] 153 `x→M` [M 153.] oder 152 `M in` [152. ^{M}]
• Rückruftaste `MR` (oder `RCL`)	Mit der Speicherrückruftaste wird eine gespeicherte Zahl in das Rechenwerk zurückgeholt. ②	② [M 153.] 15 `+` `MR` `=` [M 168.] Im Speicher verbleibt weiter 153.
• Saldiertaste `M+` (oder `2nd` `Sum`)	Mit der Saldiertaste kann im Speicher addiert oder subtrahiert werden. ③	③ 152 `x→M` [M 152.] 35 `M+` [M 35.] Im Speicher befindet sich dann die Zahl 187. Wird anschließend z. B. die Zahl –19 eingetastet und saldiert, so erhält man über den Rückruf `MR` das Ergebnis: 168. … 19 `+/–` `M+` `MR` [M 168.]

Vorrang-automatik	Die Rechner sind oft mit einer Vorrangautomatik ausgestattet, d. h. der Vorrang des Potenzierens (3. Stufe) vor der Multiplikation/Division (2. Stufe) und weiter vor Addition/Subtraktion (1. Stufe) wird beachtet. ① ③ Soll davon abgewichen werden, müssen die Klammertasten betätigt werden. ②	**„Punktrechnung vor Strichrechnung"** ① $25 + 73 \cdot 18 - 6$ 25 `+` 73 `×` 18 `−` 6 `=` [1 333.] ② $(25 + 73) \cdot 18 - 6$ `(` 25 `+` 73 `)` `×` … … 18 `−` 6 `=` [1 758.] ③ $32 + 3 \cdot 6^5$ 32 `+` 3 `×` 6 `yˣ` 5 `=` [23 360.]

Prozenttaste `%`

Grundformel	Prozentwert	Prozentsatz	Grundwert
$\frac{W}{p} = \frac{G}{100}$	$W = \frac{p \cdot G}{100}$ p `×` G `%` `=`	$p = \frac{W \cdot 100}{G}$ W `÷` G `%` `=`	$G = \frac{W \cdot 100}{p}$ W `÷` p `%` `=`

Quadrieren `x²` Quadratwurzel ziehen `√`	Das Ergebnis wird jeweils ohne Betätigung der Taste `=` angezeigt. ① ② ③	① $7{,}29^2$ — 7,29 `x²` [53.144 1] ② $(-3{,}91)^2$ — 3,91 `x²` [15.288 1] ③ $\sqrt{7{,}29}$ — 7,29 `√` [2.7]
Potenzieren `yˣ` `=`	Basis eintasten, Operationstaste betätigen, den Exponenten eingeben und die Ergebnistaste `=` drücken. ①	① $2{,}369^{6,5}$ — 2,369 `yˣ` 6,5 `=` [272.0651375]
Radizieren `yˣ` `1/x` `=` oder `SHIFT` `xʸ` (`x^(1/y)`) `=` oder `2nd` `xʸ` (`x^(1/y)`) `=`	Beim Radizieren kann die Potenztaste `yˣ` in Verbindung mit der Kehrwerttaste `1/x` angewendet werden ② oder mit `SHIFT` bzw. `2nd` oder `F` die doppelt belegte Taste `xʸ` (`x^(1/y)`) ③.	② $\sqrt[5]{29{,}8}$ — 29,8 `yˣ` 5 `1/x` `=` [1.97171097] ③ $\sqrt[5]{29{,}8}$ — 29,8 `SHIFT` `xʸ` (`x^(1/y)`) 5 `=` [1.97171079]
Logarithmieren `ln` `lg` (`log`)	Numerus eingeben und Funktionstaste drücken. Das Ergebnis wird sofort angezeigt. ① ②	① ln 523 — 523 `ln` [6.259 581 4] ② lg 523 — 523 `lg` [2.718 501 7]
Aufsuchen des Numerus (Doppelbelegung beachten)	Den Logarithmus eingeben, die Umschalttaste betätigen und je nach Basis des Logarithmensystems die entsprechende Taste drücken. ③	③ Gesucht ist x zu $\log x = 1{,}751$. 1,751 `SHIFT` `log` (`10ˣ`) bzw. `2nd` oder `F` [56.363 765 6]
Winkelfunktionswerte `sin` `cos` `tan` • Aufsuchen des Funktionswertes	Grundsatz: Zuerst DEG/RAD/GRD in die geforderte Stellung bringen. DEG → Winkel im Gradmaß RAD → Winkel im Bogenmaß GRD → Winkel in Neugrad Dann den Winkel eingeben. ① ② ③	① sin 37,5° — `DEG` 37,5 `sin` [0.608 76] ② cos 251° — `DEG` 251 `cos` [−0.325 56] ③ $\cos\left(-\frac{3}{4}\pi\right)$ — `RAD` 3 `÷` 4 `×` `π` … … `=` `+/−` `cos` … … [−0.707 107]
• Aufsuchen der Winkelgrößen (Doppelbelegung nutzen)	Auch hierbei zunächst den Umschalter „DEG/RAD/GRD" in die erforderliche Stellung bringen. Dann den Funktionswert eintasten. ④ (Gegebenenfalls die Quadrantenbeziehungen anwenden!)	④ $\sin x = 0{,}2536$ `DEG` 0,2536 `SHIFT` `sin` (`sin⁻¹`) [14.6906]; $x \approx 14{,}7°$ bzw. `RAD` 0,2536 `SHIFT` `sin` (`sin⁻¹`) [0.2564]; $x \approx 0{,}26$ rad

Gleichungen und Funktionen

Zuordnungen

Bei Zuordnungen wird jedem Wert aus einem Bereich ein Wert aus einem anderen Bereich zugeordnet. Zuordnungen können z. B. durch Wertetabellen, Diagramme oder Rechenvorschriften gegeben sein.

Beispiel: „Jeder natürlichen Zahl wird ihr um eins vermehrtes Doppelte zugeordnet."

Wertetabelle:

x	0	1	2	3	4
y	1	3	5	7	9

Diagramm:

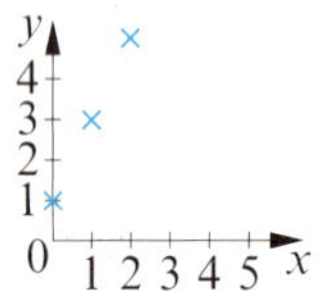

Pfeildiagramm:

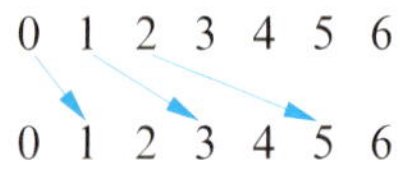

Rechenvorschrift:

$x \to y$ mit $y = 2x + 1$, wobei $x \in \mathbb{N}$

Proportionale Zuordnungen/Proportionalität

	Direkt proportionale Zuordnungen	Indirekt proportionale Zuordnungen (Antiproportionale Zuordnungen)
Definition	Die Verhältnisse einander zugeordneter Zahlen sind stets gleich. Für alle Paare $(x_i; y_i)$ gilt: $\frac{y_i}{x_i} = m \; (x_i \neq 0)$ bzw. $y_i = m \cdot x_i$.	Die Produkte einander zugeordneter Zahlen sind stets gleich. Für alle Paare $(x_i; y_i)$ gilt: $x_i \cdot y_i = k$ bzw. $y_i = \frac{k}{x_i} \; (x_i \neq 0)$.
	Verhältnisgleichung: $\frac{y_i}{x_i} = \frac{y_k}{x_k}$ für alle Paare $(x_i; y_i)$ bzw. $(x_k; y_k)$	**Produktgleichung:** $x_i \cdot y_i = x_k \cdot y_k$ für alle Paare $(x_i; y_i)$ bzw. $(x_k; y_k)$
Merkmale	Wird die eine Größe verdoppelt (verdreifacht, …), so verdoppelt (verdreifacht, …) sich auch die andere. Wird die eine Größe halbiert (gedrittelt, …), so halbiert (drittelt, …) sich auch die andere. *Faustregel:* „Je mehr – desto mehr."	Wird die eine Größe verdoppelt (verdreifacht, …), so halbiert (drittelt, …) sich die andere. Wird die eine Größe halbiert (gedrittelt, …), so verdoppelt (verdreifacht, …) sich die andere. *Faustregel:* „Je mehr – desto weniger."
Grafische Darstellung	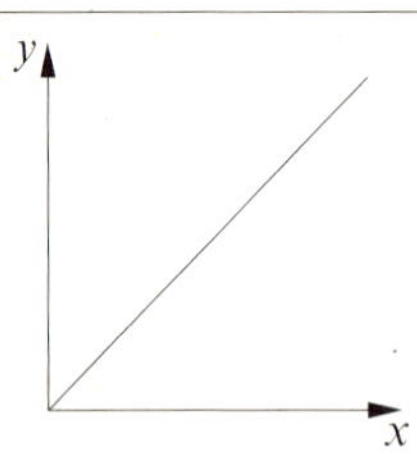 Alle Punkte liegen auf einer Geraden, die durch den Nullpunkt des Koordinatensystems geht.	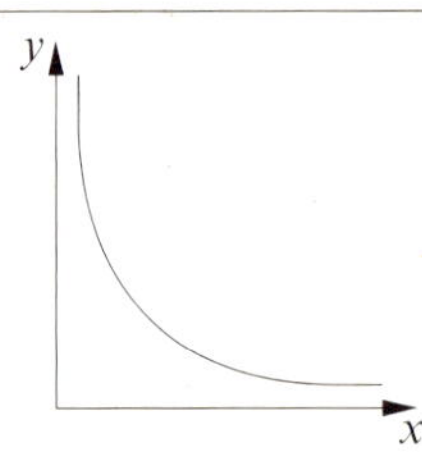 Die Punkte liegen auf einer Kurve, die sich für sehr kleine x-Werte an die y-Achse und für sehr große x-Werte an die x-Achse anschmiegt.
Dreisatz-Schema	gegebenes Zahlenpaar: x_0 y_0 $:x_0$ ↓ ↓ $:x_0$ Schluss auf die Einheit: 1 $\frac{y_0}{x_0}$ $\cdot x$ ↓ ↓ $\cdot x$ Schluss auf das Gesuchte: x $y = \frac{y_0}{x_0} \cdot x$	gegebenes Zahlenpaar: x_0 y_0 $:x_0$ ↓ ↓ $\cdot x_0$ Schluss auf die Einheit: 1 $x_0 \cdot y_0$ $\cdot x$ ↓ ↓ $:x$ Schluss auf das Gesuchte: x $y = \frac{x_0 \cdot y_0}{x}$

Prozentrechnung/Zinsrechnung

	Prozentrechnung	Zinsrechnung
Begriffe	*das Ganze (100 %):* Grundwert G *Anteil am Ganzen* ($1\,\% = \frac{1}{100} = 0{,}01$): Prozentsatz $p\,\%$ *Größe des Anteils:* Prozentwert W	Kapital K Zinssatz $p\,\%$ Jahreszinsen Z
Grundgleichung	$\frac{W}{p} = \frac{G}{100}$	$\frac{Z}{p} = \frac{K}{100}$
Grundaufgaben	Zu berechnen ist W: $W = p \cdot \frac{G}{100}$ Zu berechnen ist $p\,\%$: $p\,\% = \frac{p}{100} = \frac{W}{G}$ Zu berechnen ist G: $G = \frac{W}{p} \cdot 100$	Zu berechnen ist Z: $Z = p \cdot \frac{K}{100}$ Zu berechnen ist $p\,\%$: $p\,\% = \frac{p}{100} = \frac{Z}{K}$ Zu berechnen ist K: $K = \frac{Z}{p} \cdot 100$

Einige Prozentsätze und ihre Anteile von G:

1 %	2 %	2,5 %	4 %	5 %	10 %	12,5 %	20 %	25 %	33,3 %	50 %	66,6 %	75 %
$\frac{1}{100}$	$\frac{1}{50}$	$\frac{1}{40}$	$\frac{1}{25}$	$\frac{1}{20}$	$\frac{1}{10}$	$\frac{1}{8}$	$\frac{1}{5}$	$\frac{1}{4}$	$\frac{1}{3}$	$\frac{1}{2}$	$\frac{2}{3}$	$\frac{3}{4}$

Zinsen für feste Anlagezeit: ein Jahr: $Z = \frac{p \cdot K}{100}$ $\quad$ m Monate: $Z = \frac{p \cdot K \cdot m}{100 \cdot 12}$ $\quad$ t Tage: $Z = \frac{p \cdot K \cdot t}{100 \cdot 360}$

Zinseszins: Das Kapital K wächst nach n Jahren auf K_n:

n	1	2	…	n
K_n	$K \cdot q$	$K \cdot q^2$	…	$K \cdot q^n$

mit $q = 1 + \frac{p}{100}$

Rentenrechnung/Tilgung von Schulden

	Zahlungsweise vorschüssig: Am Jahresanfang wird jeweils eine Rate R eingezahlt und am Jahresende wird das Gesamtkapital mit $p\,\%$ verzinst.	Zahlungsweise nachschüssig: Am Jahresende wird jeweils eine Rate R eingezahlt und anschließend wird das Gesamtkapital mit $p\,\%$ verzinst.
Kapital nach n Jahren ohne Ausgangskapital	$K_n = R \cdot q \cdot \frac{q^n - 1}{q - 1}$ mit $q = 1 + \frac{p}{100}$	$K_n = R \cdot \frac{q^n - 1}{q - 1}$ mit $q = 1 + \frac{p}{100}$
Kapital nach n Jahren mit Ausgangskapital K_0	$K_n = K_0 \cdot q^n + R \cdot q \cdot \frac{q^n - 1}{q - 1}$ mit $q = 1 + \frac{p}{100}$	$K_n = K_0 \cdot q^n + R \cdot \frac{q^n - 1}{q - 1}$ mit $q = 1 + \frac{p}{100}$
Tilgungsrate einer Schuld	Eine Schuld K_0 soll in n Jahren durch regelmäßige Zahlung von Raten R jeweils am Jahresende bei $p\,\%$ Verzinsung getilgt werden: $R = K_0 \cdot \frac{q^n(q - 1)}{q^n - 1}$ mit $q = 1 + \frac{p}{100}$	

Lineare Gleichungen, lineare Gleichungssysteme

<table>
<tr><td>Lineare Gleichungen mit einer Variablen</td><td colspan="3">allgemeine Form: $a \cdot x + b = 0$, wobei a, b konstant und $a \neq 0$
Lösung: $x = -\frac{b}{a}$ bzw. $L = \left\{-\frac{b}{a}\right\}$</td></tr>
<tr><td>Lineare Gleichungen mit zwei Variablen</td><td colspan="3">allgemeine Form: $ax + by = c$, wobei a, b, c konstant und $a \neq 0$, $b \neq 0$
Lösungsmenge: $L = \left\{(x; y) \mid y = -\frac{a}{b}x + \frac{c}{b}\right\}$
Alle Lösungen liegen auf ein und derselben Geraden.</td></tr>
<tr><td>Lineare Gleichungs-systeme (LGS) mit 2 Variablen</td><td colspan="3">allgemeine Form: (I) $a_1x + b_1y = c_1$
(II) $a_2x + b_2y = c_2$, wobei a_1, b_1, c_1, a_2, b_2, c_2 konstant
Lösungsmenge: Schnittmenge der Lösungsmengen beider Gleichungen</td></tr>
<tr><td>Grafisches Lösen von linearen Gleichungssystemen</td><td>Das LGS hat genau eine Lösung, wenn die Geraden einander schneiden.
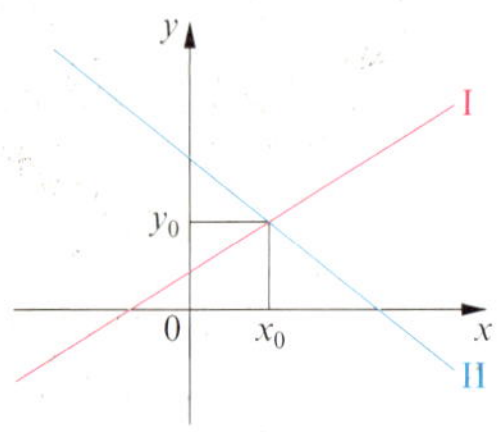
</td><td>Das LGS hat keine Lösung, wenn die Geraden parallel verlaufen.
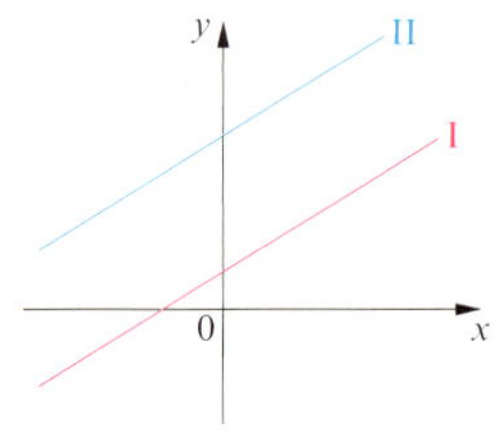
</td><td>Das LGS hat unendlich viele Lösungen, wenn die Geraden zusammenfallen.
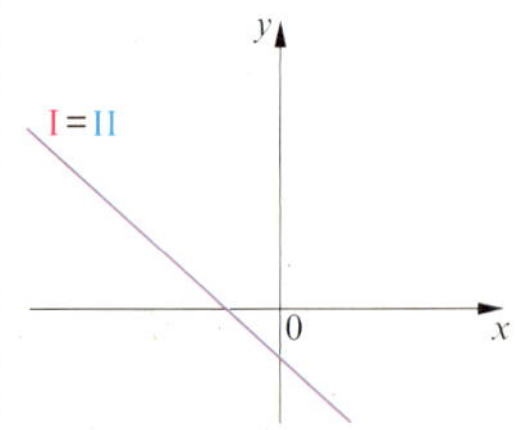
</td></tr>
<tr><td>Rechnerisches Lösen von linearen Gleichungssystemen</td><td colspan="3">Einsetzungsverfahren:
– eine Gleichung nach einer Variablen auflösen
– den entstehenden Term in die andere Gleichung einsetzen
Gleichsetzungsverfahren:
– beide Gleichungen nach derselben Variablen auflösen
– entstehende Terme gleichsetzen
Additionsverfahren:
– eine Gleichung auf beiden Seiten mit einer Zahl ($\neq 0$) multiplizieren, sodass in beiden Gleichungen die Koeffizienten vor einer der Variablen dem Betrage nach gleich, ihre Vorzeichen aber verschieden sind
– Gleichungen dann addieren</td></tr>
</table>

Lineare Funktionen/konstante Funktionen

<table>
<tr><td>Lineare Funktionen</td><td>Funktionsgleichung: $y = f(x) = m \cdot x + n$, wobei m, n konstant und $m \neq 0$
grafische Darstellung: Gerade durch den Punkt $P(0; n)$ mit Anstieg m
Anstieg:
$m = \tan \alpha$ ($\alpha \neq 90°$)
$m = \frac{y_2 - y_1}{x_2 - x_1}$ ($x_1 \neq x_2$)
Monotonie:
für $m > 0$ monoton wachsend
für $m < 0$ monoton fallend
Nullstelle: $x_0 = -\frac{n}{m}$
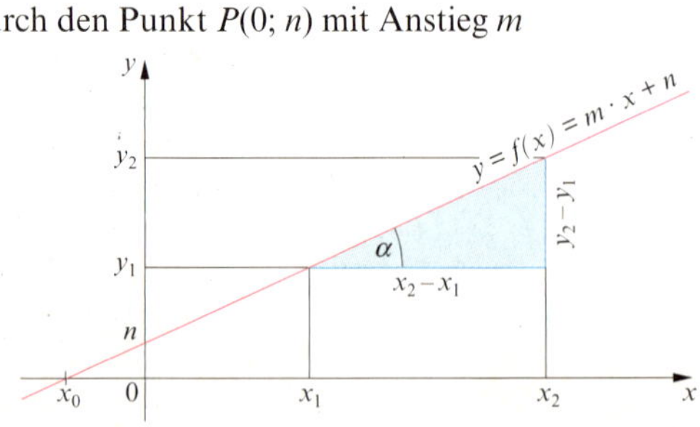
</td></tr>
<tr><td>Konstante Funktionen</td><td>Funktionsgleichung: $y = f(x) = n$, wobei n konstant
grafische Darstellung: Gerade durch den Punkt $P(0; n)$, parallel zur x-Achse</td></tr>
</table>

Quadratische Gleichungen

Quadratische Gleichungen	*allgemeine Form:* $ax^2 + bx + c = 0$, wobei a, b, c konstant und $a \neq 0$ *Normalform:* $x^2 + px + q = 0$, wobei p, q konstant
Lösungsformel	$x_{1,2} = -\frac{p}{2} \pm \sqrt{\left(\frac{p}{2}\right)^2 - q}$ sind Lösungen von $x^2 + px + q = 0$, falls $\left(\frac{p}{2}\right)^2 - q \geq 0$
Diskriminante	$D = \left(\frac{p}{2}\right)^2 - q$, daher $x_{1,2} = -\frac{p}{2} \pm D$
Anzahl der Lösungen	Falls $D > 0$: zwei Lösungen, $x_1 = -\frac{p}{2} + \sqrt{\left(\frac{p}{2}\right)^2 - q}$ und $x_2 = -\frac{p}{2} - \sqrt{\left(\frac{p}{2}\right)^2 - q}$ Falls $D = 0$: genau eine Lösung, $x_1 = x_2 = -\frac{p}{2}$ Falls $D < 0$: keine Lösung im Bereich der reellen Zahlen
Satz von Vieta	Für die Lösungen x_1, x_2 einer quadratischen Gleichung $x^2 + px + q = 0$ gilt: $x_1 + x_2 = -p$ und $x_1 \cdot x_2 = q$
Zerlegung in Linearfaktoren	Für die Lösungen x_1, x_2 einer quadratischen Gleichung $x^2 + px + q = 0$ gilt: $x^2 + px + q = (x - x_1) \cdot (x - x_2)$

Quadratische Funktionen

Allgemeine Form	*Funktionsgleichung:* $y = f(x) = ax^2 + bx + c$, wobei a, b, c konstant und $a \neq 0$ *Scheitelpunkt:* $S\left(-\frac{b}{2a}; \frac{4ac - b^2}{4a}\right)$ *Nullstellen:* $x_{1,2} = -\frac{b}{2a} \pm \sqrt{\frac{b^2 - 4ac}{4a^2}}$
Spezialfall: $a = 1$	*Funktionsgleichung:* $y = f(x) = x^2 + px + q$, wobei p, q konstant *Scheitelpunkt:* $S\left(-\frac{p}{2}; -\frac{p^2}{4} + q\right)$ *Nullstellen:* $x_{1,2} = -\frac{p}{2} \pm \sqrt{\left(\frac{p}{2}\right)^2 - q}$
Scheitelpunktsform	*Funktionsgleichung:* $y = f(x) = a(x + d)^2 + e$, wobei a, d, e konstant und $a \neq 0$ *Scheitelpunkt:* $S(-d; e)$ *Nullstellen:* $x_{1,2} = -d \pm \sqrt{-\frac{e}{a}}$
Spezialfall: $a = 1$	*Funktionsgleichung:* $y = f(x) = (x + d)^2 + e$, wobei d, e konstant *Scheitelpunkt:* $S(-d; e)$ *Nullstellen:* $x_{1,2} = -d \pm \sqrt{-e}$
Grafische Darstellung:	Der Graph einer quadratischen Funktion heißt **Parabel**. Der Funktionsgraph zu $y = f(x) = x^2$ heißt **Normalparabel**. Veränderungen gegenüber der Normalparabel ($y = x^2$) durch die Koeffizienten in der Scheitelpunktform ($y = a(x + d)^2 + e$): *a:* $a > 1$: Streckung in y-Richtung $0 < a < 1$: Stauchung in y-Richtung $-1 < a < 0$: Stauchung in y-Richtung und Spiegelung an x-Achse $a < -1$: Streckung in y-Richtung und Spiegelung an x-Achse *d:* $d > 0$: Verschiebung in negative x-Richtung (nach links) $d < 0$: Verschiebung in positive x-Richtung (nach rechts) *e:* $e > 0$: Verschiebung in positive y-Richtung (nach oben) $e < 0$: Verschiebung in negative y-Richtung (nach unten)

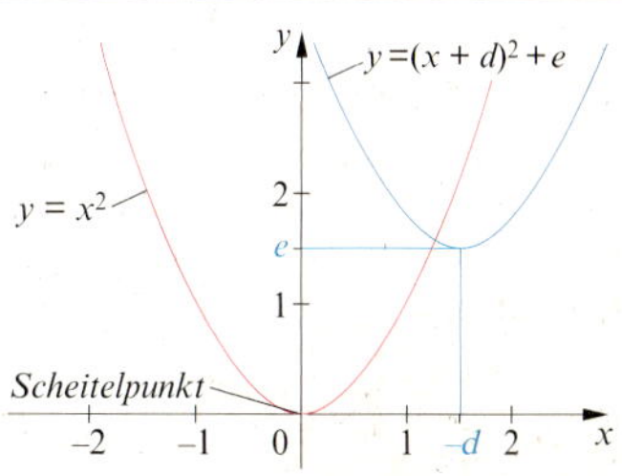

Potenzen

Definitionen für a^k	k	a	a^k
	• $k = 0$	$a \in \mathbb{R}, a \neq 0$	$a^0 = 1$ (*Achtung:* 0^0 ist nicht erklärt)
	• $k = 1$	$a \in \mathbb{R}$	$a^1 = a$
	• $k \in \mathbb{N}, k \neq 0$	$a \in \mathbb{R}$	$a^k = a \cdot a \cdot \ldots \cdot a$ (k Faktoren a)
	• $k \in \mathbb{Z}^-$, also $k = -n$ mit $n \in \mathbb{N}$	$a \in \mathbb{R}, a \neq 0$	$a^k = a^{-n} = \frac{1}{a^n}$
	• $k \in \mathbb{Q}^+$, also $k = \frac{p}{q}$ mit $p, q \in \mathbb{N} \setminus \{0\}$	$a \in \mathbb{R}, a > 0$	$a^k = a^{\frac{p}{q}} = \left(a^{\frac{1}{q}}\right)^p = \left(\sqrt[q]{a}\right)^p = \sqrt[q]{a^p}$ Insbesondere gilt: $a^{\frac{1}{q}} = \sqrt[q]{a}$
	• $k \in \mathbb{Q}^-$, also $k = -\frac{p}{q}$ mit $p, q \in \mathbb{N} \setminus \{0\}$	$a \in \mathbb{R}, a > 0$	$a^k = a^{-\frac{p}{q}} = \left(a^{\frac{1}{q}}\right)^{-p} = \left(\sqrt[q]{a}\right)^{-p} = \frac{1}{\left(\sqrt[q]{a}\right)^p}$
Potenzgesetze	$a, b \in \mathbb{R}$, $a, b \neq 0$ und $m, n \in \mathbb{Z}$ oder aber $a, b \in \mathbb{R}$, $a, b > 0$ und $m, n \in \mathbb{Q}$ • $a^m \cdot b^m = (a \cdot b)^m$ • $a^m \cdot a^n = a^{m+n}$ • $(a^m)^n = a^{m \cdot n}$ • $\frac{a^m}{a^n} = a^{m-n}$ • $\frac{a^m}{b^m} = \left(\frac{a}{b}\right)^m$		

Wurzeln

Definition von $\sqrt[n]{a}$	$a \in \mathbb{R}, a \geq 0$ und $n \in \mathbb{N}, n \geq 1$: $\sqrt[n]{a} = x$ mit $x \geq 0$ und $x^n = a$
Wurzelgesetze	$a, b \in \mathbb{R}$, $a, b \geq 0$ und $m, n \in \mathbb{N}$, $m, n \geq 1$: • $\sqrt[n]{a} \cdot \sqrt[n]{b} = \sqrt[n]{ab}$ • $\frac{\sqrt[n]{a}}{\sqrt[n]{b}} = \sqrt[n]{\frac{a}{b}}$ (für $b \neq 0$) • $\sqrt[n]{\sqrt[m]{a}} = \sqrt[m]{\sqrt[n]{a}} = \sqrt[nm]{a}$ • $\left(\sqrt[n]{a}\right)^m = \sqrt[n]{a^m}$

Logarithmen

Definition für $\log_a b$	$a \in \mathbb{R}, a > 0, a \neq 1$ und $b \in \mathbb{R}, b > 0$: $\log_a b = x$ genau dann, wenn $a^x = b$ Insbesondere gilt: $\log_a 1 = 0$, $\log_a a = 1$, $a^{\log_a b} = b$ *Achtung:* $\log_1 a$ ist nicht erklärt
Logarithmengesetze	$a \in \mathbb{R}, a > 0, a \neq 1$ und $b, b_1, b_2 \in \mathbb{R}$; $b, b_1, b_2 > 0$ und $r \in \mathbb{Q}$ und $n \in \mathbb{N}, n \neq 0$ • $\log_a (b_1 \cdot b_2) = \log_a b_1 + \log_a b_2$ • $\log_a b^r = r \cdot \log_a b$ • $\log_a \left(\frac{b_1}{b_2}\right) = \log_a b_1 - \log_a b_2$ • $\log_a \sqrt[n]{b} = \frac{1}{n} \cdot \log_a b$
Basiswechsel (Basis a zu Basis b)	$a \in \mathbb{R}, a > 0, a \neq 1$ und $b \in \mathbb{R}, b > 0, b \neq 1$ und $c \in \mathbb{R}, c > 0$: $\log_b c = \frac{\log_a c}{\log_a b}$; $\log_b a = \frac{1}{\log_a b}$
spezielle Logarithmen (Basis e bzw. Basis 10)	Schreibweise für $\log_e x$: $\ln x$ (natürlicher Logarithmus) Schreibweise für $\log_{10} x$: $\lg x$ (dekadischer Logarithmus) Übergang zwischen beiden: $\ln x = \frac{\lg x}{\lg e}$, also $\ln x \approx 2{,}3026 \cdot \lg x$

Potenzfunktionen $y = f(x) = x^k$

<table>
<tr>
<td>$k \in \mathbb{N}, k \neq 0$
und $x \in \mathbb{R}$</td>
<td>k gerade
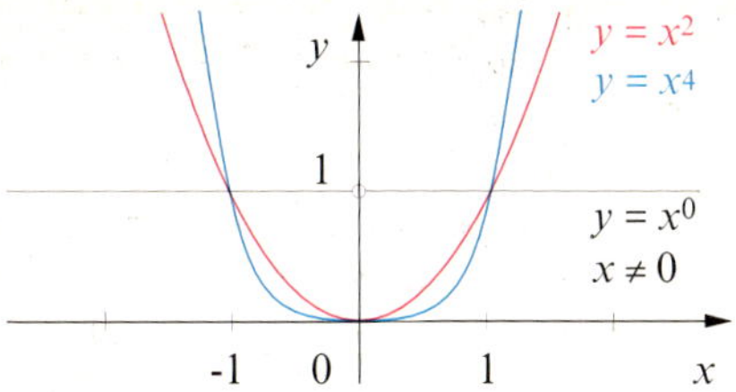
Die Graphen sind axialsymmetrisch zur y-Achse.
Gemeinsame Punkte aller Graphen:
(1; 1) und (– 1; 1)
Nullstelle: $x_0 = 0$</td>
<td>k ungerade
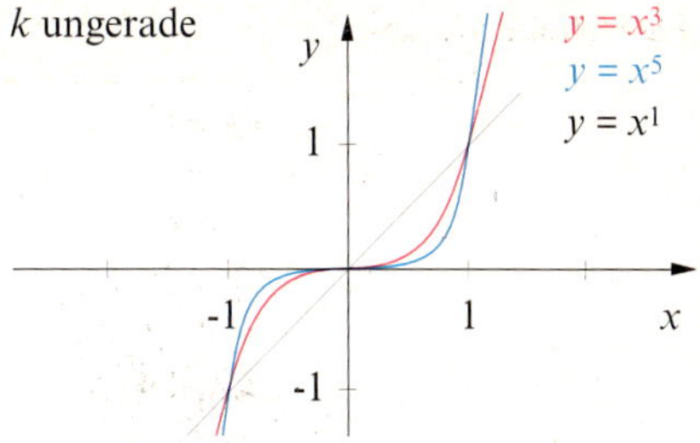
Die Graphen sind punktsymmetrisch zum Koordinantenursprung.
Gemeinsame Punkte aller Graphen:
(1; 1) und (– 1; – 1)
Nullstelle: $x_0 = 0$</td>
</tr>
<tr>
<td>$k \in \mathbb{Z}^-$
und $x \in \mathbb{R}, x \neq 0$</td>
<td>k gerade
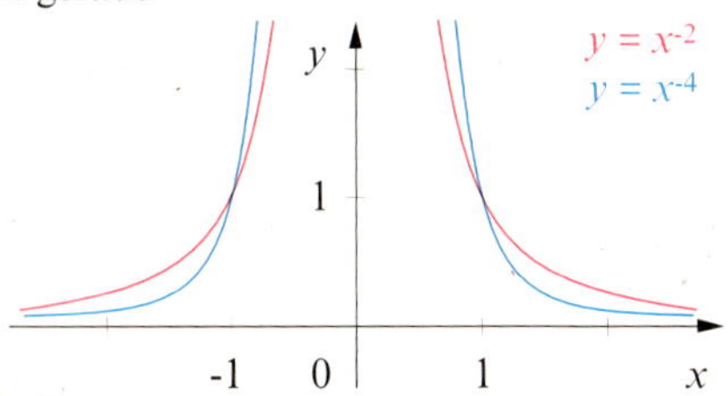
Die Graphen sind axialsymmetrisch zur y-Achse.
Gemeinsame Punkte aller Graphen:
(1; 1) und (– 1; 1)
Nullstelle: gibt es nicht</td>
<td>k ungerade
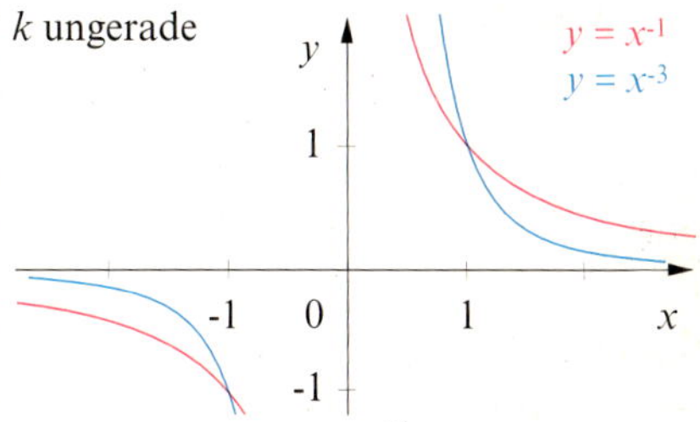
Die Graphen sind punktsymmetrisch zum Koordinantenursprung.
Gemeinsame Punkte aller Graphen:
(1; 1) und (– 1; – 1)
Nullstelle: gibt es nicht</td>
</tr>
<tr>
<td>$k \in \mathbb{Q}^+$
und $x \in \mathbb{R}, x \geq 0$
Spezialfall:
Wurzelfunktionen
$k = \frac{1}{n}, n \in \mathbb{N}, n > 1$
und $x \in \mathbb{R}, x \geq 0$</td>
<td>Gemeinsame Punkte aller Graphen:
(0; 0) und (1; 1)
Nullstelle: $x_0 = 0$</td>
<td>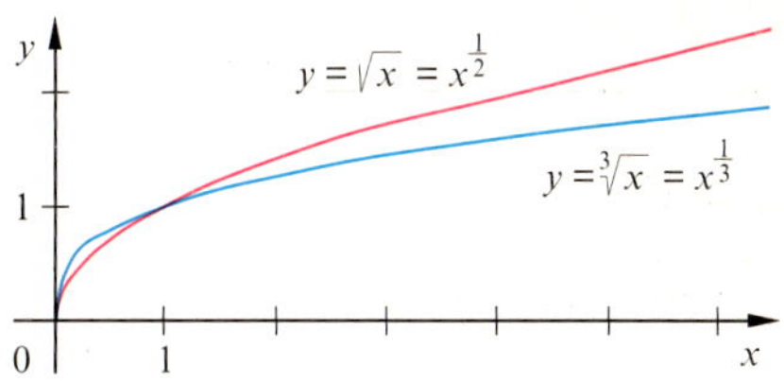</td>
</tr>
</table>

Exponentialfunktionen; Logarithmusfunktionen

<table>
<tr>
<td>Exponentialfunktionen
$y = f(x) = a^x$ ($a, x \in \mathbb{R}, a > 0, a \neq 1$)</td>
<td>Logarithmusfunktionen
$y = f(x) = \log_a x$ ($a, x \in \mathbb{R}, a, x > 0, a \neq 1$)</td>
</tr>
<tr>
<td>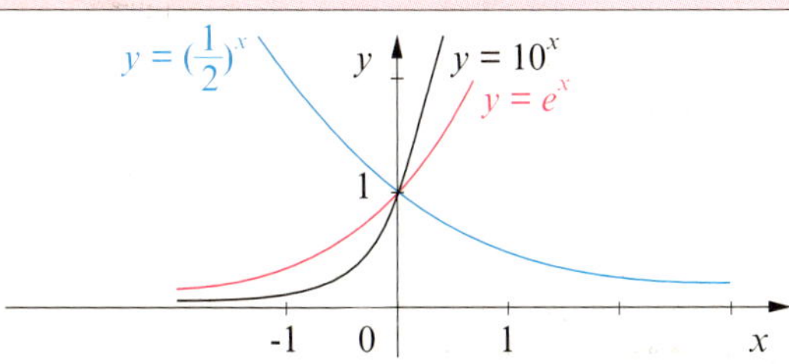
Gemeinsamer Punkt aller Graphen: (0; 1)
Nullstelle: gibt es nicht</td>
<td>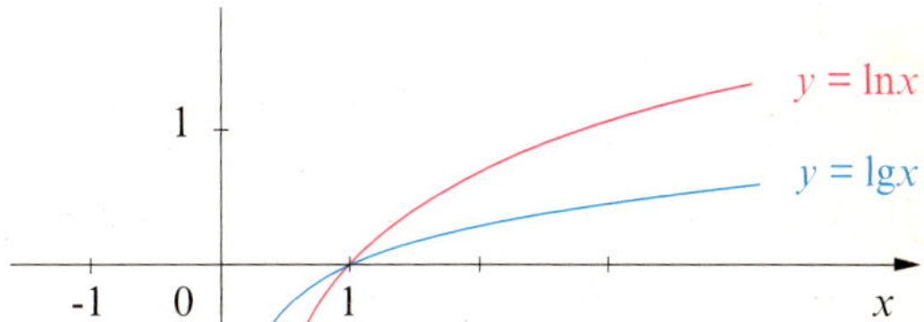
Gemeinsamer Punkt aller Graphen: (1; 0)
Nullstelle: $x_0 = 1$</td>
</tr>
</table>

Seiten-Winkel-Beziehungen am rechtwinkligen Dreieck

Bezeichnungen im rechtwinkligen Dreieck	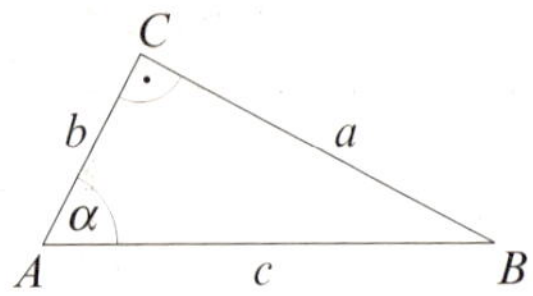 c – Hypotenuse a – Kathete b – Kathete
Seiten-Winkel-Beziehungen	Im rechtwinkligen Dreieck ABC mit $\sphericalangle\, BCA = 90°$ gilt: $\sin\alpha = \frac{a}{c}\left(= \frac{\text{Gegenkathete}}{\text{Hypotenuse}}\right)$, $\cos\alpha = \frac{b}{c}\left(= \frac{\text{Ankathete}}{\text{Hypotenuse}}\right)$ $\tan\alpha = \frac{a}{b}\left(= \frac{\text{Gegenkathete}}{\text{Ankathete}}\right)$, $\cot\alpha = \frac{b}{a}\left(= \frac{\text{Ankathete}}{\text{Gegenkathete}}\right)$

Winkelfunktionen – Sinusfunktion und Kosinusfunktion

	Sinusfunktion	Kosinusfunktion
Darstellung am Einheitskreis	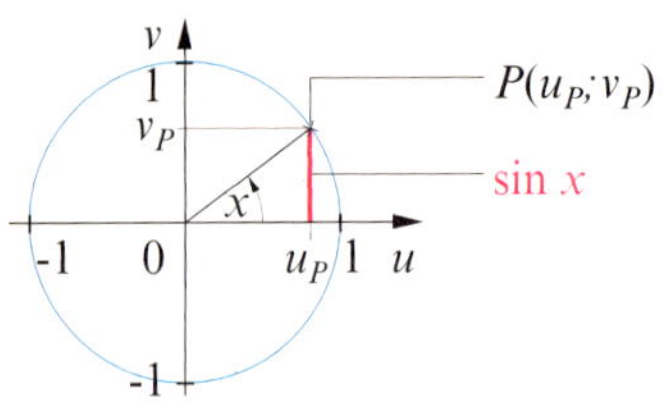	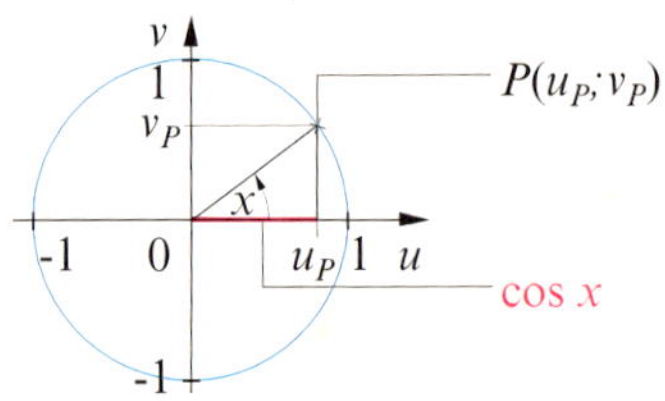
Graph der Funktion	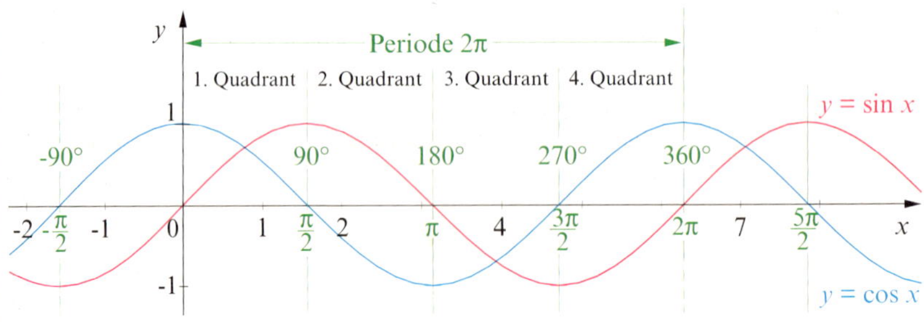	
Definitionsbereich	$\mathbb{R}$	$\mathbb{R}$
Wertebereich	$[-1; 1]$	$[-1; 1]$
Periodizität	Periode 360° bzw. 2π: $\sin x = \sin(x + k \cdot 360°)$, wobei $k \in \mathbb{Z}$	Periode 360° bzw. 2π: $\cos x = \cos(x + k \cdot 360°)$, wobei $k \in \mathbb{Z}$
Symmetrie	punktsymmetrisch zum Koordinatenursprung: $\sin(-x) = -\sin x$	axialsymmetrisch zur y-Achse: $\cos(-x) = \cos x$
Quadrantenbeziehungen	II: $\sin(180° - x) = \sin x$ III: $\sin(180° + x) = -\sin x$ IV: $\sin(360° - x) = -\sin x$	II: $\cos(180° - x) = -\cos x$ III: $\cos(180° + x) = -\cos x$ IV: $\cos(360° - x) = \cos x$
Nullstellen	$k \cdot 180°$, wobei $k \in \mathbb{Z}$	$90° + k \cdot 180°$, wobei $k \in \mathbb{Z}$

Winkelfunktionen – Tangensfunktion und Kotangensfunktion

	Tangensfunktion	Kotangensfunktion
Darstellung am Einheitskreis	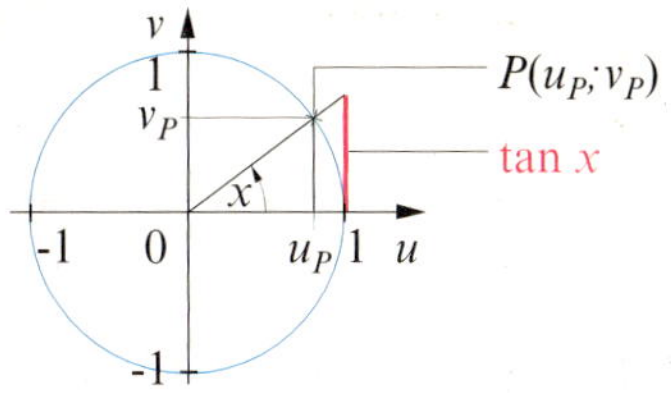	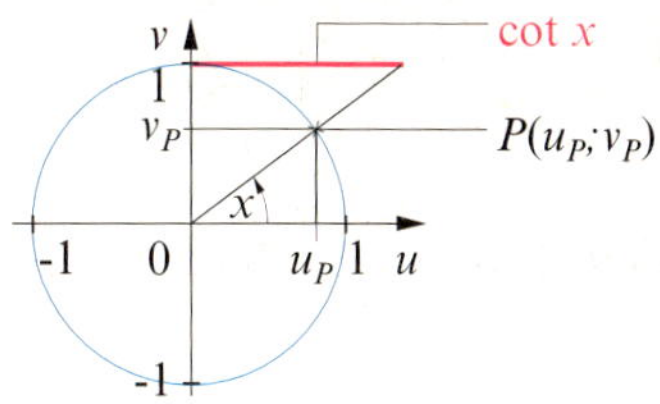
Graph der Funktion	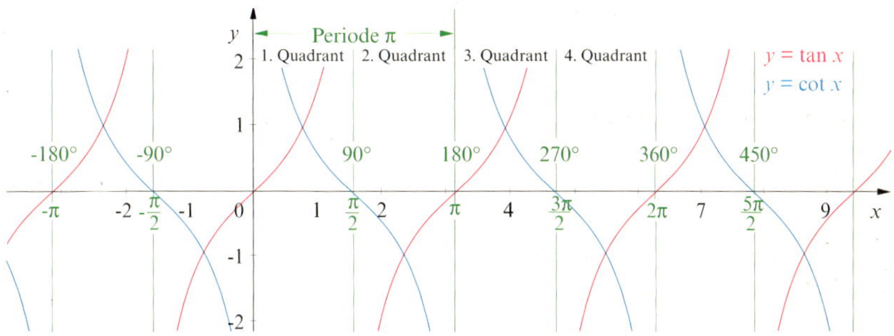	
Definitionsbereich	$\mathbb{R}\setminus\left\{(2k+1)\cdot\frac{\pi}{2}\right\}, k \in \mathbb{Z}$	$\mathbb{R}\setminus\{(k\cdot\pi\}, k \in \mathbb{Z}$
Wertebereich	$\mathbb{R}$	$\mathbb{R}$
Periodizität	Periode 180° bzw. π: $\tan x = \tan(x + k\cdot 180°)$, wobei $k \in \mathbb{Z}$	Periode 180° bzw. π: $\cot x = \cot(x + k\cdot 180°)$, wobei $k \in \mathbb{Z}$
Symmetrie	punktsymmetrisch zum Koordinatenursprung: $\tan(-x) = -\tan x$	punktsymmetrisch zum Koordinatenursprung: $\cot(-x) = -\cot x$
Quadranten-beziehungen	II: $\tan(180° - x) = -\tan x$ III: $\tan(180° + x) = \tan x$ IV: $\tan(360° - x) = -\tan x$	II: $\cot(180° - x) = -\cot x$ III: $\cot(180° + x) = \cot x$ IV: $\cot(360° - x) = -\cot x$
Nullstellen	$k\cdot 180°$, wobei $k \in \mathbb{Z}$	$90° + k\cdot 180°$, wobei $k \in \mathbb{Z}$

Spezielle Funktionswerte der Winkelfunktionen

x	0	$\frac{\pi}{6}$	$\frac{\pi}{4}$	$\frac{\pi}{3}$	$\frac{\pi}{2}$	$\frac{2\pi}{3}$	$\frac{3\pi}{4}$	$\frac{5\pi}{6}$	π	$\frac{5\pi}{4}$	$\frac{3\pi}{2}$	2π
	0°	30°	45°	60°	90°	120°	135°	150°	180°	225°	270°	360°
$\sin x$	0	$\frac{1}{2}$	$\frac{1}{2}\sqrt{2}$	$\frac{1}{2}\sqrt{3}$	1	$\frac{1}{2}\sqrt{3}$	$\frac{1}{2}\sqrt{2}$	$\frac{1}{2}$	0	$-\frac{1}{2}\sqrt{2}$	-1	0
$\cos x$	1	$\frac{1}{2}\sqrt{3}$	$\frac{1}{2}\sqrt{2}$	$\frac{1}{2}$	0	$-\frac{1}{2}$	$-\frac{1}{2}\sqrt{2}$	$-\frac{1}{2}\sqrt{3}$	-1	$-\frac{1}{2}\sqrt{2}$	0	1
$\tan x$	0	$\frac{1}{3}\sqrt{3}$	1	$\sqrt{3}$	–	$-\sqrt{3}$	-1	$-\frac{1}{3}\sqrt{3}$	0	1	–	0

Darstellung einer Winkelfunktion durch eine andere Funktion desselben Winkels

Komplementwinkelbeziehung:	$\sin x = \cos(90° - x)$; $\cos x = \sin(90° - x)$ $\tan x = \cot(90° - x)$; $\cot x = \tan(90° - x)$		
„trigonometrischer Pythagoras“:	$\sin^2 x + \cos^2 x = 1$		
$\sin^2 x = 1 - \cos^2 x$ $\sin^2 x = \frac{\tan^2 x}{1 + \tan^2 x}$	$\cos^2 x = 1 - \sin^2 x$ $\cos^2 x = \frac{1}{1 + \tan^2 x}$	$\tan^2 x = \frac{\sin^2 x}{1 - \sin^2 x}$ $\tan^2 x = \frac{1 - \cos^2 x}{\cos^2 x}$	$\cot^2 x = \frac{1 - \sin^2 x}{\sin^2 x}$ $\cot^2 x = \frac{\cos^2 x}{1 - \cos^2 x}$

Additionstheoreme

$\sin(\alpha + \beta) = \sin\alpha \cdot \cos\beta + \cos\alpha \cdot \sin\beta$ $\cos(\alpha + \beta) = \cos\alpha \cdot \cos\beta - \sin\alpha \cdot \sin\beta$ $\tan(\alpha + \beta) = \frac{\tan\alpha + \tan\beta}{1 - \tan\alpha \cdot \tan\beta}$	$\sin(\alpha - \beta) = \sin\alpha \cdot \cos\beta - \cos\alpha \cdot \sin\beta$ $\cos(\alpha - \beta) = \cos\alpha \cdot \cos\beta + \sin\alpha \cdot \sin\beta$ $\tan(\alpha - \beta) = \frac{\tan\alpha - \tan\beta}{1 + \tan\alpha \cdot \tan\beta}$

Summen/Differenzen sowie Funktionen des doppelten und des halben Winkels

$\sin\alpha + \sin\beta = 2 \cdot \sin\frac{\alpha+\beta}{2}\cos\frac{\alpha-\beta}{2}$ $\cos\alpha + \cos\beta = 2 \cdot \cos\frac{\alpha+\beta}{2}\cos\frac{\alpha-\beta}{2}$ $\tan\alpha + \tan\beta = \frac{\sin(\alpha+\beta)}{\cos\alpha \cdot \cos\beta}$	$\sin\alpha - \sin\beta = 2 \cdot \cos\frac{\alpha+\beta}{2}\sin\frac{\alpha-\beta}{2}$ $\cos\alpha - \cos\beta = -2 \cdot \sin\frac{\alpha+\beta}{2}\sin\frac{\alpha-\beta}{2}$ $\tan\alpha - \tan\beta = \frac{\sin(\alpha-\beta)}{\cos\alpha \cdot \cos\beta}$
$\sin 2\alpha = 2 \cdot \sin\alpha\cos\alpha = \frac{2 \cdot \tan\alpha}{1 + \tan^2\alpha}$ $\cos 2\alpha = \cos^2\alpha - \sin^2\alpha = 1 - 2 \cdot \sin^2\alpha = 2 \cdot \cos^2\alpha - 1$ $\tan 2\alpha = \frac{2 \cdot \tan\alpha}{1 - \tan^2\alpha}$ $(\tan^2\alpha \neq 1)$ $\sin 3\alpha = 3 \cdot \sin\alpha - 4 \cdot \sin^3\alpha$	$\sin\frac{\alpha}{2} = \sqrt{\frac{1 - \cos\alpha}{2}}$ $\tan\frac{\alpha}{2} = \sqrt{\frac{1 - \cos\alpha}{1 + \cos\alpha}} = \frac{\sin\alpha}{1 + \cos\alpha} = \frac{1 - \cos\alpha}{\sin\alpha}$ $\cos\frac{\alpha}{2} = \sqrt{\frac{1 + \cos\alpha}{2}}$ $\cos 3\alpha = 4 \cdot \cos^3\alpha - 3 \cdot \cos\alpha$

Die Funktion $y = a \cdot \sin(bx + c)$ $(a \neq 0; b \neq 0)$

	$y = \sin x$	$y = a \cdot \sin x$	$y = \sin(bx)$	$y = \sin(x + c)$	$y = a \cdot \sin(bx + c)$
kleinste Periode	2π	2π	$\frac{2\pi}{\|b\|}$	2π	$\frac{2\pi}{\|b\|}$
Nullstellen	$k \cdot \pi, k \in \mathbb{Z}$	$k \cdot \pi, k \in \mathbb{Z}$	$k \cdot \frac{\pi}{b}, k \in \mathbb{Z}$	$k\pi - c, k \in \mathbb{Z}$	$\frac{k\pi - c}{b}, k \in \mathbb{Z}$
Auswirkung des Parameters		Streckung ($\|a\| > 1$) bzw. Stauchung ($\|a\| < 1$) in y-Richtung	Streckung ($\|b\| < 1$) bzw. Stauchung ($\|b\| > 1$) in x-Richtung	Verschiebung in positive ($c < 0$) bzw. negative ($c > 0$) x-Richtung	Kombination der entsprechenden Streckungen, Stauchungen bzw. Verschiebungen

Winkelmaße

Gradmaß

0,1° = 6′
0,2° = 12′
0,3° = 18′
0,4° = 24′
0,5° = 30′
0,6° = 36′
0,7° = 42′
0,8° = 48′
0,9° = 54′

Beim Gradmaß wird dem Vollwinkel die Zahl 360 zugeordnet.

Einheit: 1 Grad (1°)
(Das ist die Größe desjenigen Winkels, der gleich dem 360sten Teil des Vollwinkels ist.)

Weitere Einheiten: 1′; 1″
1° = 60′ = 3 600″
1′ = 60″

Bogenmaß

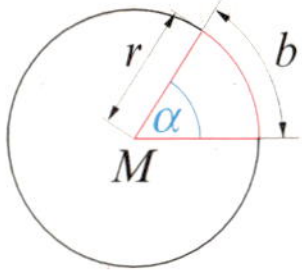

$\alpha = 1$ rad
$\approx 57{,}296°$

Beim Bogenmaß wird jedem Winkel (aufgefasst als Zentriwinkel eines Kreises) das Verhältnis $\frac{b}{r}$ von Länge des zugehörigen Bogens und Länge des Radius als Zahlenwert zugeordnet.
Einheit: 1 Radiant
(Das ist die Größe desjenigen Winkels, der aus dem Umfang eines Kreises einen Bogen von der Länge des Radius ausschneidet.)

Umrechnungstafel: Grad in Radiant

Grad	Rad.	Grad	Rad.	Grad	Rad.
1	0,017	31	0,541	61	1,065
2	035	32	559	62	082
3	052	33	576	63	100
4	070	34	593	64	117
5	087	35	611	65	134
6	105	36	628	66	152
7	122	37	646	67	169
8	140	38	663	68	187
9	157	39	681	69	204
10	0,175	40	0,698	70	1,222
11	0,192	41	0,716	71	1,239
12	209	42	733	72	257
13	227	43	750	73	274
14	244	44	768	74	292
15	262	45	785	75	309
16	279	46	803	76	326
17	297	47	820	77	344
18	314	48	838	78	361
19	332	49	855	79	379
20	0,349	50	0,873	80	1,396
21	0,367	51	0,890	81	1,414
22	384	52	908	82	431
23	401	53	925	83	449
24	419	54	942	84	466
25	436	55	960	85	484
26	454	56	977	86	501
27	471	57	995	87	518
28	489	58	1,012	88	536
29	506	59	030	89	553
30	0,524	60	1,047	90	1,571
Grad	Rad.	Grad	Rad.	Grad	Rad.

Umrechnungstafel: Radiant in Grad

Rad.	Grad	Rad.	Grad	Rad.	Grad
0,02	1,1	0,62	35,5	1,22	69,9
0,04	2,3	0,64	36,7	1,24	71,0
0,06	3,4	0,66	37,8	1,26	72,2
0,08	4,6	0,68	39,0	1,28	73,3
0,10	5,7	0,70	40,1	1,30	74,5
0,12	6,9	0,72	41,3	1,32	75,6
0,14	8,0	0,74	42,4	1,34	76,8
0,16	9,2	0,76	43,5	1,36	77,9
0,18	10,3	0,78	44,7	1,38	79,1
0,20	11,5	0,80	45,8	1,40	80,2
0,22	12,6	0,82	47,0	1,42	81,4
0,24	13,8	0,84	48,1	1,44	82,5
0,26	14,9	0,86	49,3	1,46	83,7
0,28	16,0	0,88	50,4	1,48	84,8
0,30	17,2	0,90	51,6	1,50	85,9
0,32	18,3	0,92	52,7	1,52	87,1
0,34	19,5	0,94	53,9	1,54	88,2
0,36	20,6	0,96	55,0	1,56	89,4
0,38	21,8	0,98	56,1	1,58	90,5
0,40	22,9	1,00	57,3	1,60	91,7
0,42	24,1	1,02	58,4	1,62	92,8
0,44	25,2	1,04	59,6	1,64	94,0
0,46	26,4	1,06	60,7	1,66	95,1
0,48	27,5	1,08	61,9	1,68	96,3
0,50	28,6	1,10	63,0	1,70	97,4
0,52	29,8	1,12	64,2	1,72	98,5
0,54	30,9	1,14	65,3	1,74	99,7
0,56	32,1	1,16	66,5	1,76	100,8
0,58	33,2	1,18	67,6	1,78	102,0
0,60	34,4	1,20	68,8	1,80	103,1
Rad.	Grad	Rad.	Grad	Rad.	Grad

Umrechnungsgleichungen: Bezeichnet man die Winkelgröße im Gradmaß mit α und die Winkelgröße im Bogenmaß mit arc α (*lat.* arcus = Bogen), so gilt:

$\text{arc}\,\alpha = \frac{\pi}{180°} \cdot \alpha \approx 0{,}01745 \cdot \alpha$ und $\alpha = \frac{180°}{\pi} \cdot \text{arc}\,\alpha \approx 57{,}29578° \cdot \text{arc}\,\alpha$

Geometrie

Einteilung der Dreiecke

Einteilung der Dreiecke nach den Seiten		
unregelmäßig	**gleichschenklig** (ein Paar gleich langer Seiten)	
(alle Seiten sind paarweise verschieden lang)	**nicht gleichseitig** (nicht alle Seiten sind gleich lang)	**gleichseitig** (alle Seiten sind gleich lang)
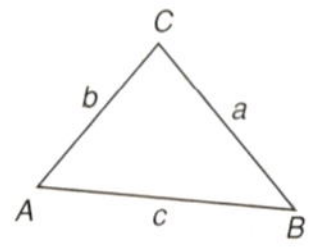 $a \neq b \neq c$	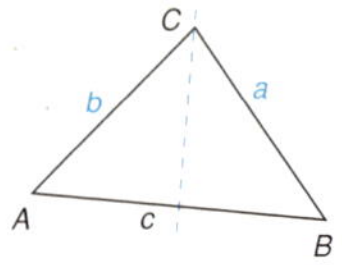 $a = b$	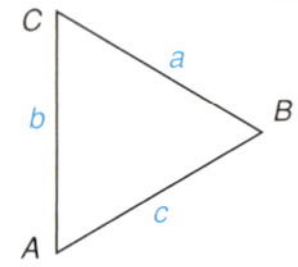 $a = b = c$
Einteilung der Dreiecke nach den Innenwinkeln		
spitzwinklig (alle Innenwinkel sind spitz)	**rechtwinklig** (es gibt einen rechten Winkel)	**stumpfwinklig** (ein Innenwinkel ist stumpf)
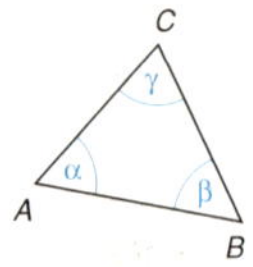 $\alpha < 90°$ $\beta < 90°$ $\gamma < 90°$	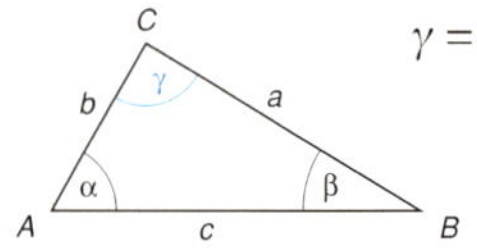 $\gamma = 90°$	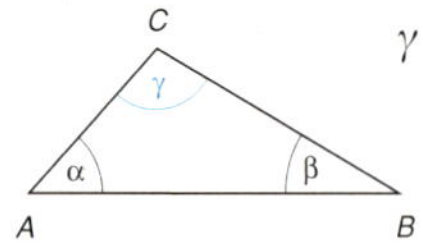 $\gamma > 90°$

Ebene Figuren (u – Umfang; A – Flächeninhalt)

Allgemeines Dreieck

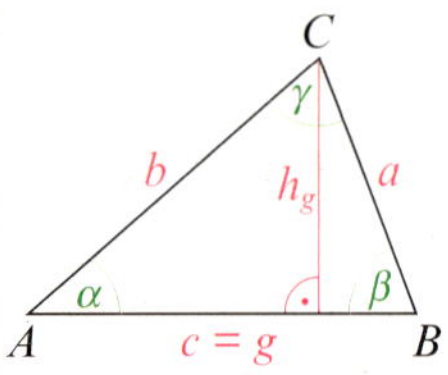

$\alpha + \beta + \gamma = 180°$

$\frac{a}{\sin \alpha} = \frac{b}{\sin \beta} = \frac{c}{\sin \gamma}$

$c^2 = a^2 + b^2 - 2ab \cdot \cos \gamma$

$A = \frac{1}{2}\, g \cdot h_g = \frac{1}{2}\, ab \cdot \sin \gamma$

$u = a + b + c$

Rechtwinkliges Dreieck ($\gamma = 90°$)

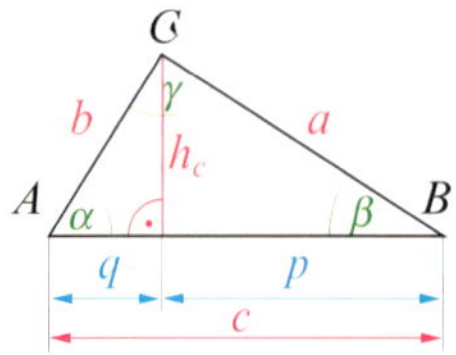

$a^2 + b^2 = c^2$; $h_c^2 = p \cdot q$

$a^2 = p \cdot c$; $b^2 = q \cdot c$

$A = \frac{1}{2}\, ab$

$\sin \alpha = \frac{a}{c}$; $\cos \alpha = \frac{b}{c}$;

$\tan \alpha = \frac{a}{b}$; $\cot \alpha = \frac{b}{a}$

Gleichschenkliges Dreieck

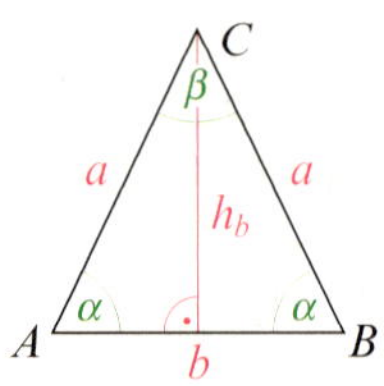

$\beta = 180° - 2\alpha$

$h_b = \sqrt{a^2 + \frac{1}{4}\, b^2}$

$A = \frac{1}{2}\, b \cdot h_b$

$u = 2a + b$

Gleichseitiges Dreieck

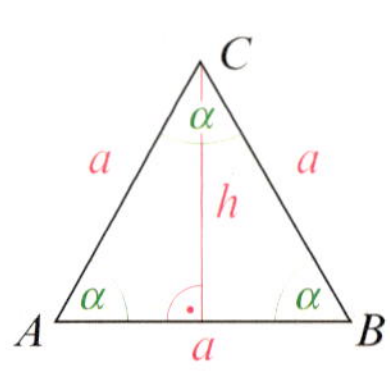

$\alpha = 60°$

$h = \frac{a}{2}\sqrt{3}$

$A = \frac{a^2}{4}\sqrt{3}$

$u = 3a$

Allgemeines Viereck

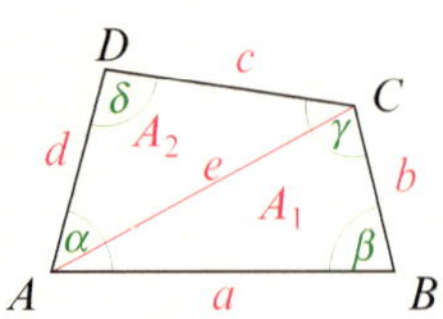

$\alpha + \beta + \gamma + \delta = 360°$

$A = A_1 + A_2$

$u = a + b + c + d$

Trapez ($a \parallel c$)

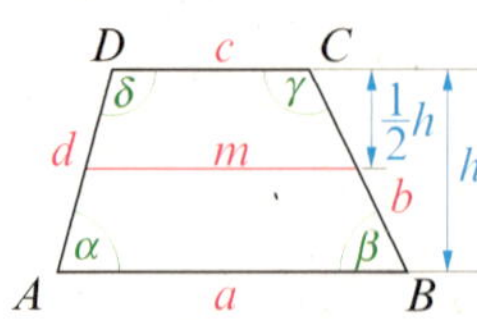

$\alpha + \delta = 180°$; $\beta + \gamma = 180°$

$m = \frac{1}{2}\,(a + c)$

$A = \frac{1}{2}\,(a + c) \cdot h = m \cdot h$

Parallelogramm ($a \parallel c$; $b \parallel d$)

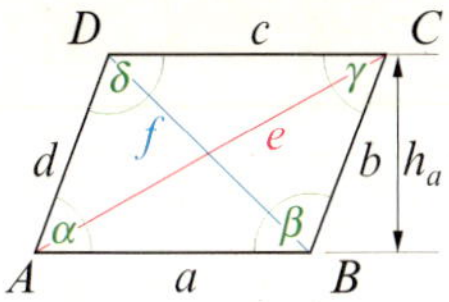

$a = c$; $b = d$
$\beta = \delta$; $\alpha + \beta = 180°$
$\alpha = \gamma$; $\alpha + \delta = 180°$
$u = 2\,(a + b)$
$A = a \cdot h_a = b \cdot h_b$
$A = ab \cdot \sin\alpha$
$ = ab \cdot \sin\beta$

Die Diagonalen halbieren einander.

Rhombus – Raute ($a \parallel c$; $b \parallel d$)

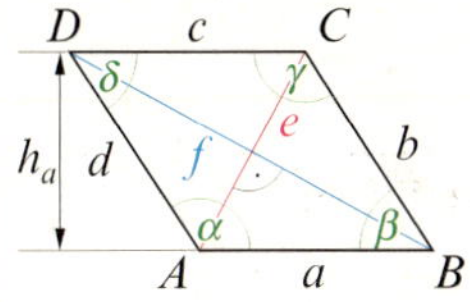

$a = b = c = d$
$\alpha = \gamma$; $\beta = \delta$
$\alpha + \beta = 180°$
$u = 4a$
$A = a \cdot h_a$
$A = \frac{1}{2}\, e \cdot f$; $e \perp f$
$A = a^2 \cdot \sin\alpha = a^2 \cdot \sin\beta$

Die Diagonalen halbieren einander und sie stehen senkrecht aufeinander.

Drachenviereck ($a = b$; $c = d$)

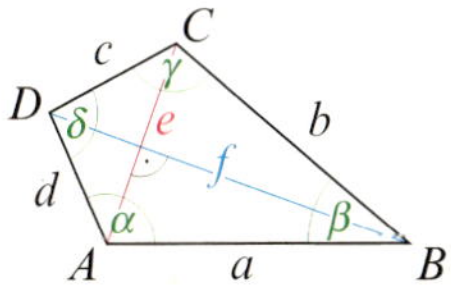

$\alpha = \gamma$; $e \perp f$
$u = 2\,(a + d)$
$A = \frac{1}{2}\, e \cdot f$

Die Diagonalen stehen senkrecht aufeinander; eine Diagonale wird halbiert.

Rechteck ($a \parallel c$; $b \parallel d$; $a \perp b$)

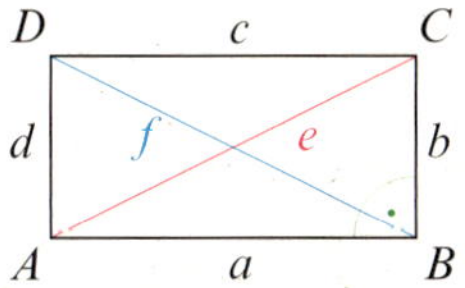

$a = c$; $b = d$; $e = f$
$e = \sqrt{a^2 + b^2}$
$\alpha = \beta = \gamma = \delta = 90°$
$u = 2\,(a + b)$
$A = ab$

Die Diagonalen sind gleich lang und sie halbieren einander.

Kreis (r – Radius)

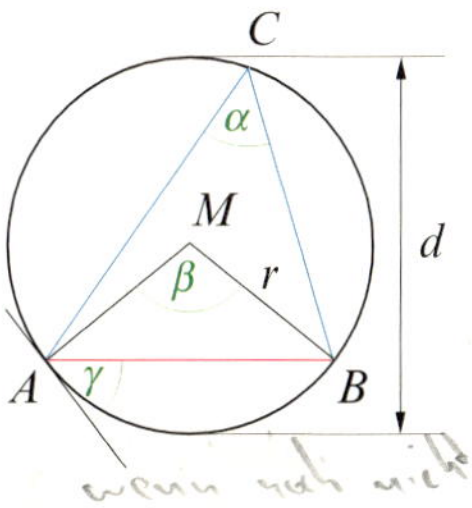

$\alpha = \frac{\beta}{2}$; $\alpha = \gamma$
$u = 2\pi r = \pi d$
$A = \pi r^2 = \frac{1}{4}\,\pi d^2$
α Peripheriewinkel
β Zentriwinkel über $\overset{\frown}{AB}$
γ Sehnen-Tangenten-Winkel

Quadrat ($a \parallel c$; $b \parallel d$; $a \perp b$)

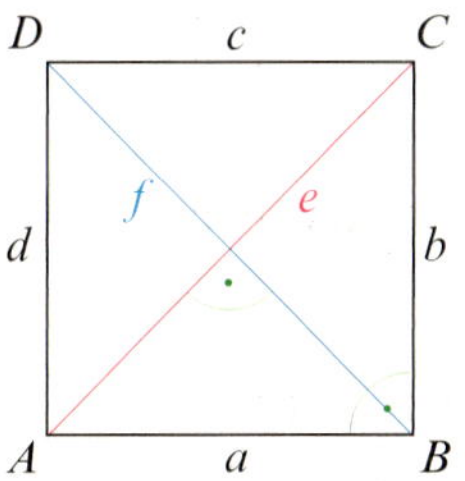

$a = b = c = d$
$\alpha = \beta = \gamma = \delta = 90°$
$e = f$; $e \perp f$; $e = a\sqrt{2}$
$u = 4a$
$A = a^2$

Die Diagonalen sind gleich lang, sie halbieren einander und stehen senkrecht aufeinander.

Kreisbogen $b : u = \alpha : 360°$

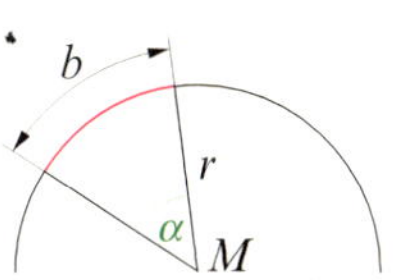

$b = \frac{\pi r}{180°}\,\alpha$
$b = r \cdot \text{arc}\,\alpha$ (↗ S. 23)

Kreisausschnitt (Sektor) $A_\alpha : A = \alpha : 360°$
$= \text{arc}\,\alpha : 2\pi$

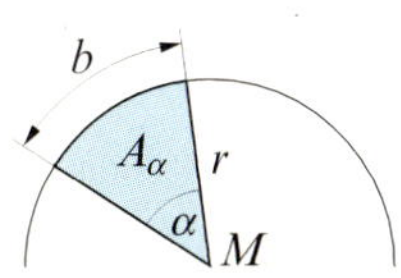

$A_\alpha = \frac{\pi}{360°}\,\alpha r^2$
$A_\alpha = \frac{1}{2}\, b \cdot r = \frac{1}{2}\, r^2\,\text{arc}\,\alpha$

Regelmäßiges *n*-Eck

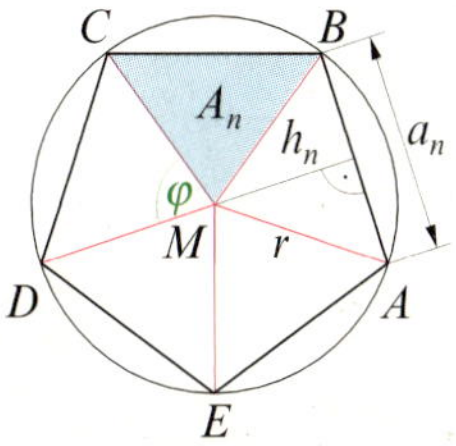

$u = n \cdot a_n$
$A = n \cdot A_n$; $\varphi = \frac{360°}{n}$
$h_n^2 = r^2 - \left(\frac{1}{2}\, a_n\right)^2$
$a_n = 2r \cdot \sin\frac{\varphi}{2}$
$A_n = \frac{1}{2}\, r^2 \cdot \sin\varphi$

Kreisring ($r_1 > r_2$)

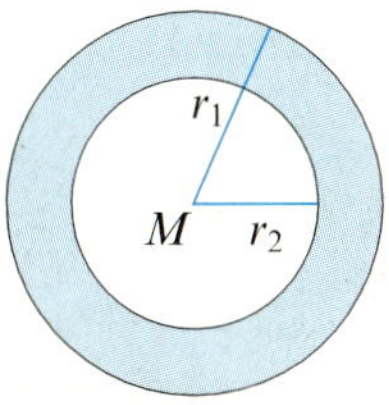

$A = \pi\left(r_1^2 - r_2^2\right)$

Körper (A_O – Oberflächeninhalt; V – Volumen)

Würfel

$A_G = a^2$

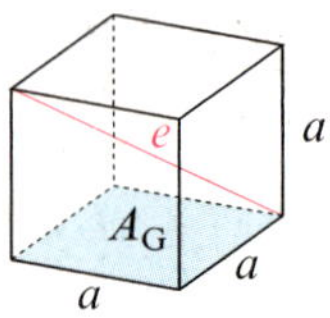

$V = a^3$; $e = a \cdot \sqrt{3}$

$A_O = 6a^2$

Quader

$A_G = ab$

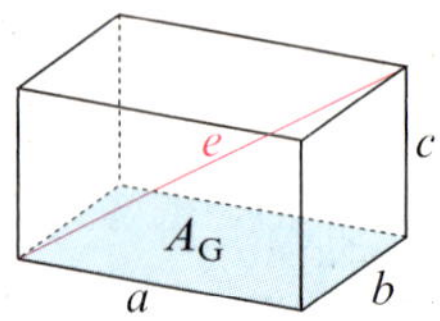

$V = abc$; $e = \sqrt{a^2 + b^2 + c^2}$

$A_O = 2\,(ab + ac + bc)$

Prisma

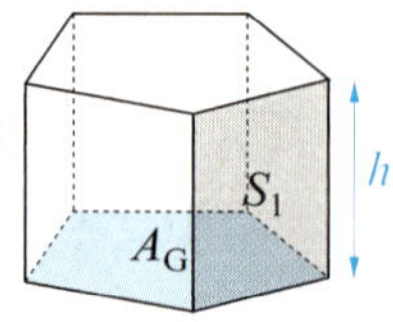

$V = A_G \cdot h$

$A_O = 2A_G + S_1 + S_2 + \ldots + S_n$

Kreiszylinder

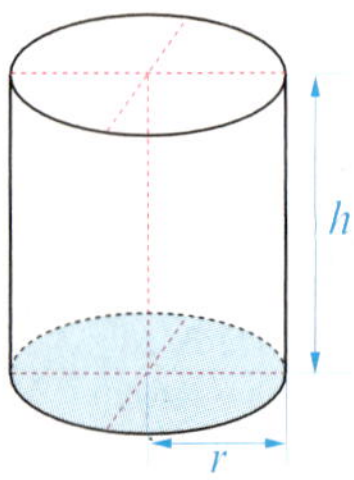

$V = \pi r^2 h$; $A_M = 2\pi r h$

$A_O = 2\pi r\,(r + h)$

Pyramide

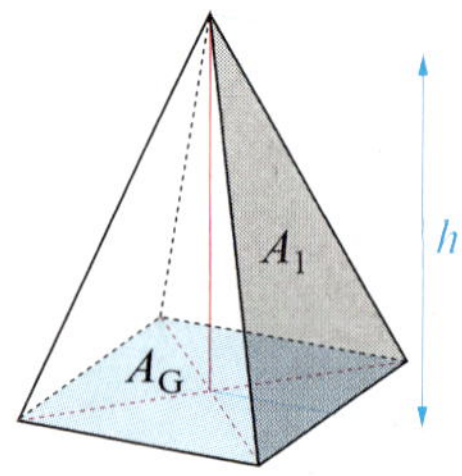

$V = \frac{1}{3}\,A_G \cdot h$

$A_O = A_G + A_1 + A_2 + \ldots + A_n$

Kreiskegel

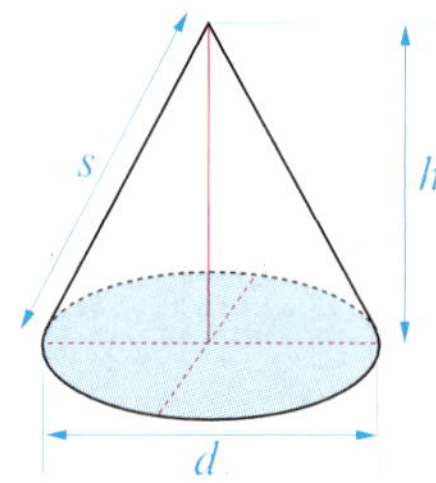

$V = \frac{1}{3}\,\pi r^2 h$; $s^2 = r^2 + h^2$

$A_O = \pi r\,(r + s)$; $A_M = \pi r s$

Kreiskegelstumpf ($r_1 > r_2$)

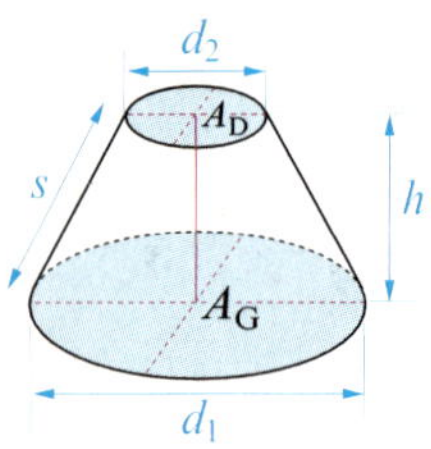

$V = \frac{1}{3}\,\pi h\,(r_1^2 + r_2^2 + r_1 r_2)$

$A_O = \pi r_1^2 + \pi r_2^2 + \pi s\,(r_1 + r_2)$

$s^2 = (r_1 - r_2)^2 + h^2$

Pyramidenstumpf

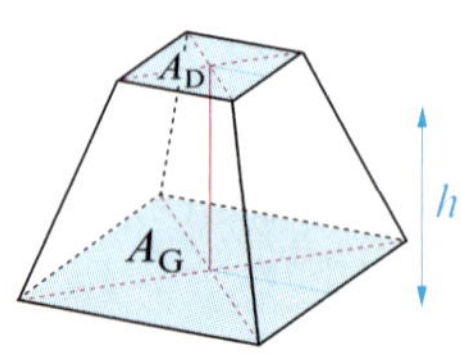

$V = \frac{1}{3}\,h\left(A_G + \sqrt{A_G A_D} + A_D\right)$

$A_O = A_G + A_D + A_M$

Kugel

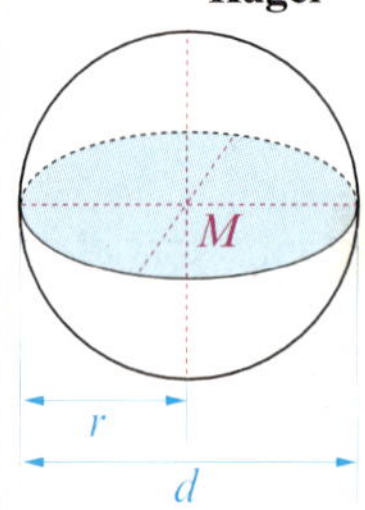

$V = \frac{4}{3}\,\pi r^3$

$A_O = 4\pi r^2$

Kugelabschnitt

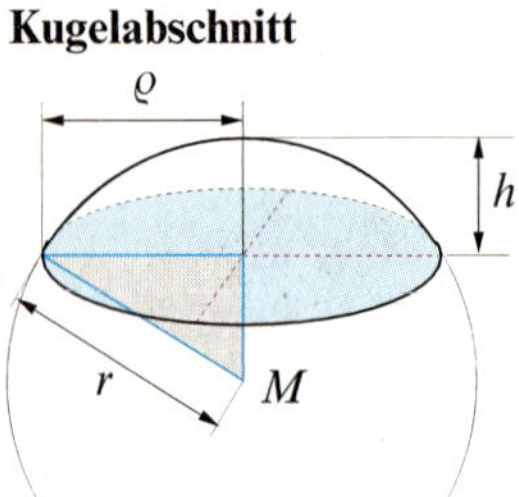

$V = \frac{1}{6}\,\pi h\,(3\varrho^2 + h^2)$

$A_O = 2\pi r h + \varrho^2 \pi$

$\varrho = \sqrt{h\,(2r - h)}$

Kugelschicht

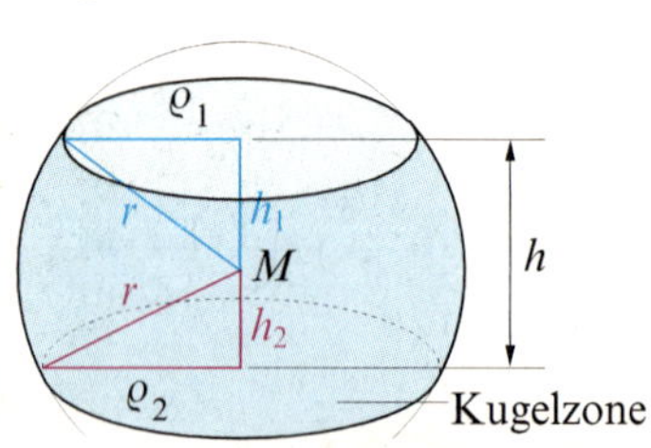

$V = \frac{\pi h}{6}\,(3\varrho_1^2 + 3\varrho_2^2 + h^2)$

Kugelzone: $A = 2\pi r h$

$\varrho_1^2 = r^2 - h_1^2$

Kugelausschnitt (Kugelsektor)

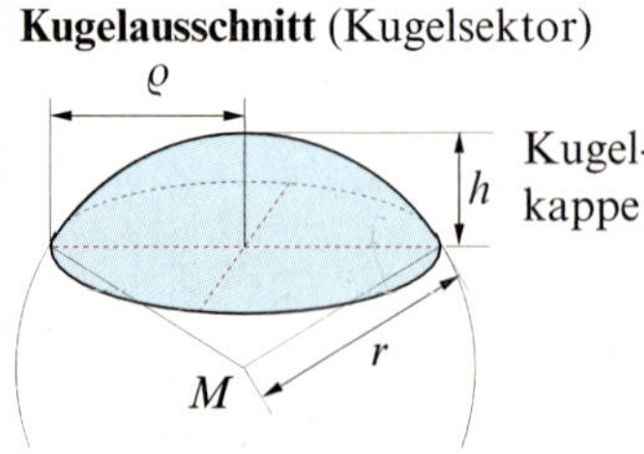

$V = \frac{2\pi}{3}\,r^2 h$

$A_O = \pi \varrho r + 2\pi r h$

$\varrho = \sqrt{h\,(2r - h)}$

Kugelkappe: $A = 2\pi r h$

Regelmäßige Polyeder

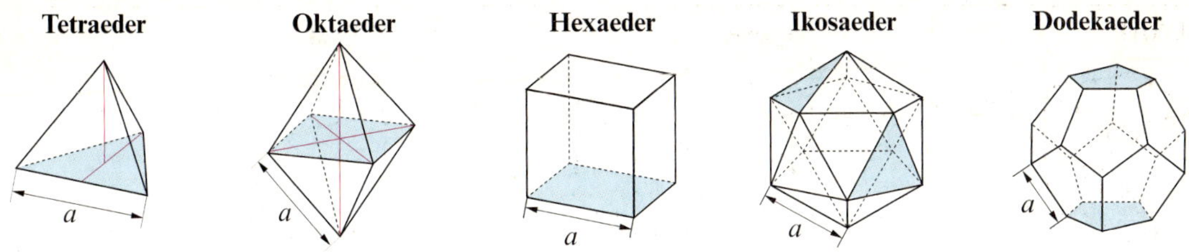

Tetraeder	4 gleichseitige Dreiecke	$V = \frac{\sqrt{2}}{12} a^3 \approx 0{,}1179 a^3$	$A_O = \sqrt{3} \cdot a^2 \approx 1{,}7321 a^2$
Oktaeder	8 gleichseitige Dreiecke	$V = \frac{\sqrt{2}}{3} a^3 \approx 0{,}4714 a^3$	$A_O = 2\sqrt{3} \cdot a^2 \approx 3{,}4641 a^2$
Würfel	6 Quadrate	$V = a^3$	$A_O = 6a^2$
Ikosaeder	20 gleichseitige Dreiecke	$V \approx 2{,}1817 a^3$	$A_O \approx 8{,}6603 a^2$
Dodekaeder	12 regelmäßige Fünfecke	$V \approx 7{,}6631 a^3$	$A_O \approx 20{,}6457 a^2$

Koordinatensysteme

Kartesische Koordinatensysteme

Koordinaten eines Punktes in einer Ebene

$P(x_P; y_P)$
$Q(x_Q; y_Q)$

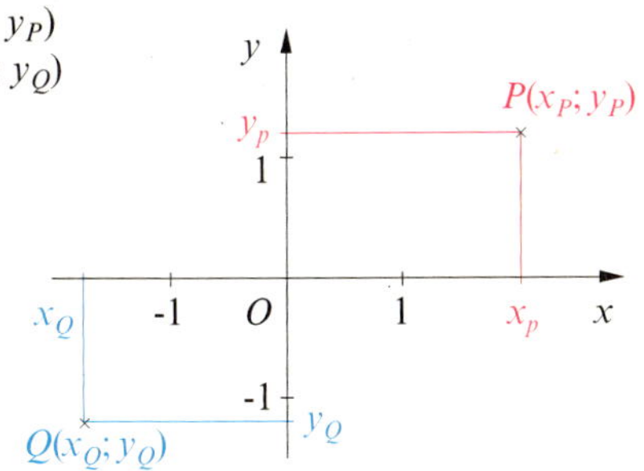

Koordinaten eines Punktes im Raum

$P(x_P; y_P; z_P)$

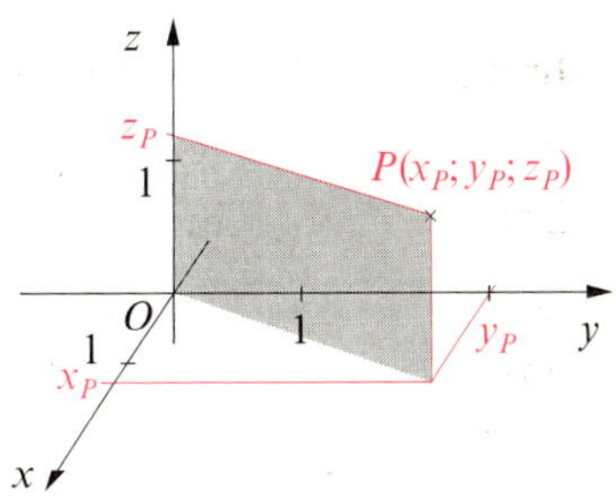

Polarkoordinaten

Koordinaten eines Punktes in einer Ebene

$P(r; \varphi)$ mit $0 < r < \infty$ und $0 \leq \varphi < 360°$

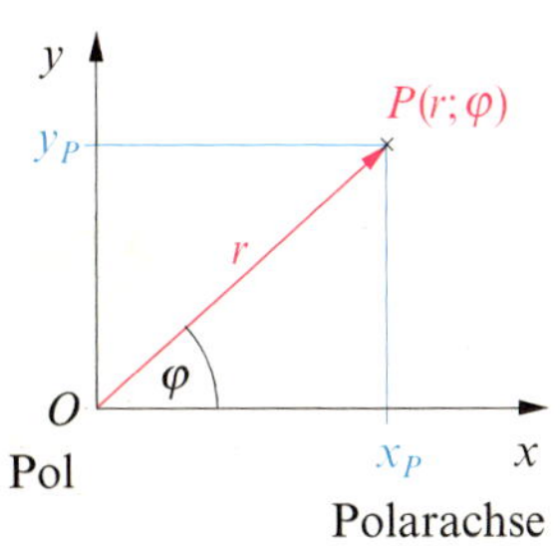

Zur Umrechnung von kartesischen Koordinaten in Polarkoordinaten gilt:

$x = r \cdot \cos \varphi$
$y = r \cdot \sin \varphi$ $\qquad r = \sqrt{x^2 + y^2}$

Koordinaten eines Punktes im Raum

$P(r; \lambda; \varphi)$ mit $0 < r < \infty$; $-180° \leq \lambda < 180°$; $-90° < \varphi < 90°$

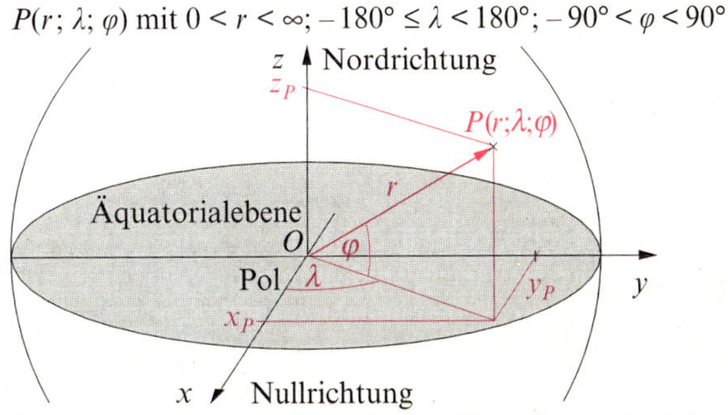

Zur Umrechnung von kartesischen Koordinaten in Polarkoordinaten gilt:

$x = r \cdot \cos \varphi \cos \lambda$
$y = r \cdot \sin \lambda \cos \varphi$ $\qquad r = \sqrt{x^2 + y^2 + z^2}$
$z = r \cdot \sin \varphi$

Winkelpaare

Winkelpaare an sich schneidenden Geraden:		
Nebenwinkel	$\alpha + \beta = 180°$; $\gamma + \delta = 180°$;	$\alpha + \delta = 180°$; $\beta + \gamma = 180°$
Scheitelwinkel	$\alpha = \gamma$;	$\beta = \delta$
Winkelpaare an geschnittenen Parallelen:		
Stufenwinkel	$\alpha_1 = \alpha_2$; $\beta_1 = \beta_2$;	$\gamma_1 = \gamma_2$; $\delta_1 = \delta_2$
Wechselwinkel	$\alpha_1 = \gamma_2$; $\beta_1 = \delta_2$;	$\gamma_1 = \alpha_2$; $\delta_1 = \beta_2$
Entgegengesetzt liegende Winkel	$\alpha_1 + \delta_2 = 180°$; $\beta_1 + \gamma_2 = 180°$;	$\gamma_1 + \beta_2 = 180°$; $\delta_1 + \alpha_2 = 180°$

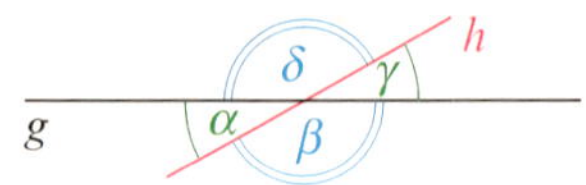

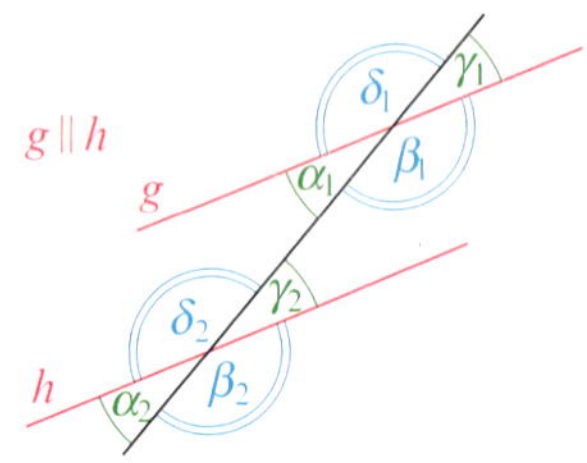

Sätze im Dreieck

Summe der Innenwinkel	$\alpha + \beta + \gamma = 180°$
Summe der Außenwinkel	$\alpha_1 + \beta_1 + \gamma_1 = 360°$
Außenwinkelsatz	$\alpha_1 = \beta + \gamma$; $\beta_1 = \alpha + \gamma$; $\gamma_1 = \alpha + \beta$
Dreiecksungleichung	$a + b > c$; $b + c > a$; $a + c > b$
Höhen	Je zwei Höhen verhalten sich umgekehrt wie die zugehörigen Seiten des Dreiecks: $\frac{h_c}{h_b} = \frac{b}{c}$.
Seitenhalbierende	Die Seitenhalbierenden im Dreieck schneiden einander im Schwerpunkt. Sie teilen einander im Verhältnis 2 : 1. $\frac{\overline{AM}}{\overline{ME}} = \frac{\overline{BM}}{\overline{MF}} = \frac{\overline{CM}}{\overline{MD}} = \frac{2}{1}$
Winkelhalbierende	Die Winkelhalbierenden schneiden einander im Mittelpunkt M_i des Inkreises.
Mittelsenkrechte	Die Mittelsenkrechten schneiden einander im Mittelpunkt M_u des Umkreises des Dreiecks.

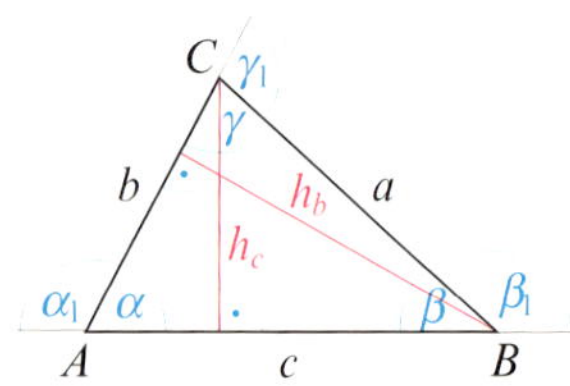

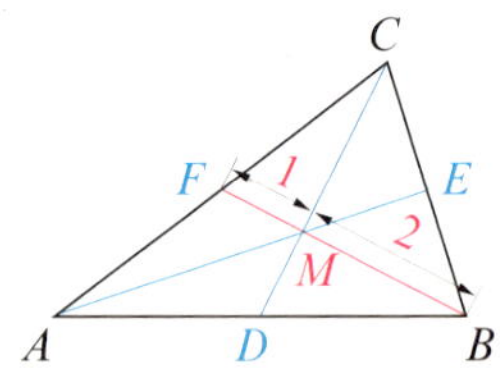

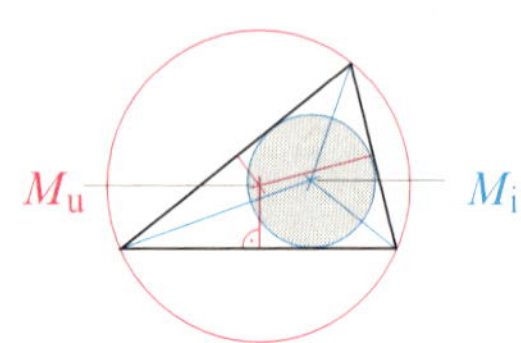

Kongruenzsätze	Ähnlichkeitssätze
Dreiecke sind kongruent, • wenn sie in den drei Seiten übereinstimmen (sss), • wenn sie in einer Seite und den dieser Seite anliegenden Winkeln übereinstimmen (wsw), • wenn sie in zwei Seiten und dem von diesen Seiten eingeschlossenen Winkel übereinstimmen (sws), • wenn sie in zwei Seiten und dem der größeren Seite gegenüberliegenden Winkel übereinstimmen (SsW).	Dreiecke sind zueinander ähnlich, • wenn jede Seite des einen Dreiecks mit je einer Seite des anderen Dreiecks das gleiche Verhältnis bildet, • wenn sie in zwei Winkeln übereinstimmen **(Hauptähnlichkeitssatz)**, • wenn sie in einem Winkel übereinstimmen und die dem Winkel anliegenden Seiten gleiche Verhältnisse bilden, • wenn zwei Seiten des einen Dreiecks mit je einer Seite des anderen Dreiecks das gleiche Verhältnis bilden und wenn sie in dem Winkel übereinstimmen, der jeweils der größeren Seite gegenüberliegt.

Satzgruppe des Pythagoras

Satz des Pythagoras	Kathetensatz	Höhensatz
$a^2 + b^2 = c^2$ In jedem rechtwinkligen Dreieck ist das Hypotenusenquadrat flächengleich mit der Summe der Kathetenquadrate. 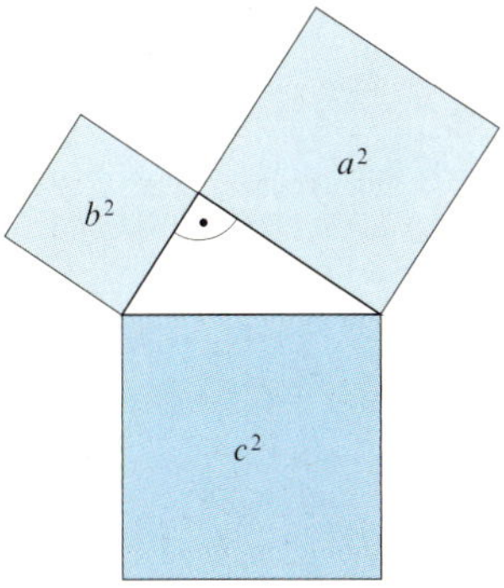	$b^2 = q \cdot c$; $a^2 = p \cdot c$ In jedem rechtwinkligen Dreieck ist ein Kathetenquadrat flächengleich zu dem Rechteck aus Hypotenuse und dem entsprechenden Hypotenusenabschnitt. 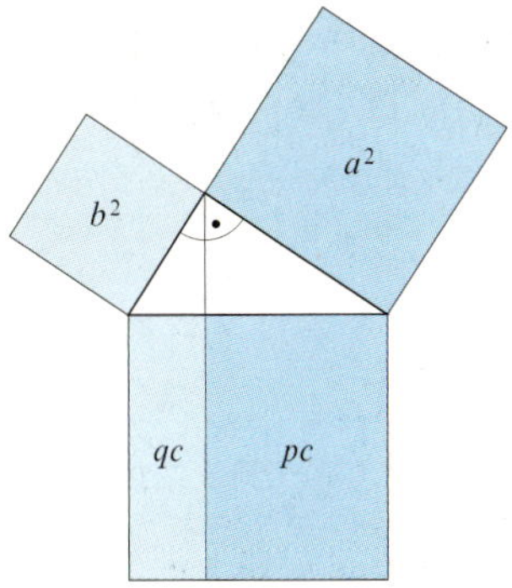	$h^2 = p \cdot q$ In jedem rechtwinkligen Dreieck ist das Quadrat über die Höhe flächengleich zu dem Rechteck aus den beiden Hypotenusenabschnitten. 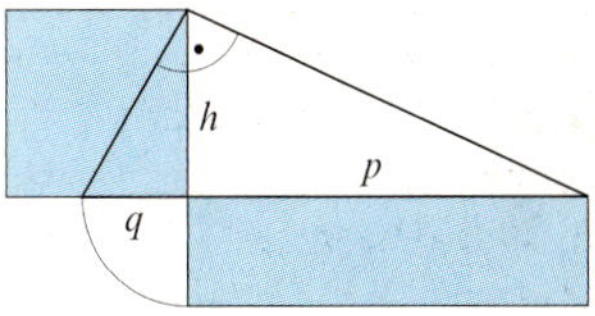

Sätze über Winkel am Kreis

Peripheriewinkelsatz	Zentri-Peripherie-Winkel-Satz	Satz des Thales
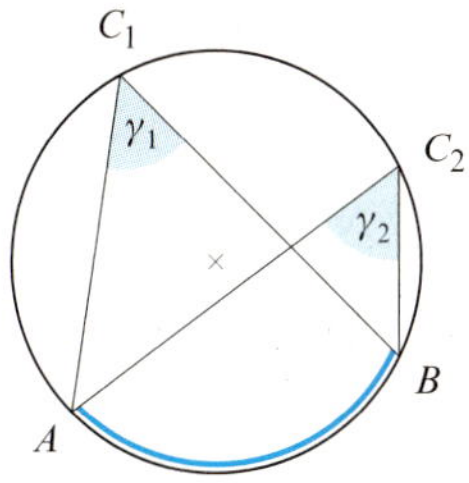 $\gamma_1 = \gamma_2$	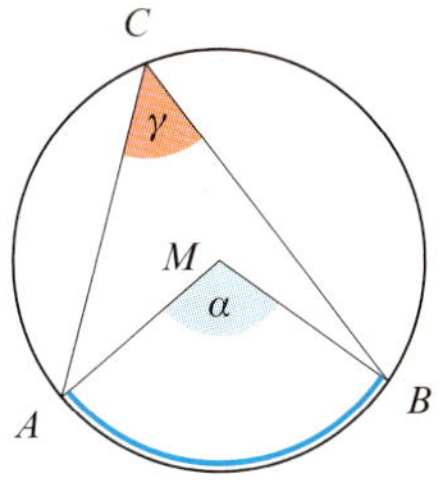 $\gamma = \frac{\alpha}{2}$	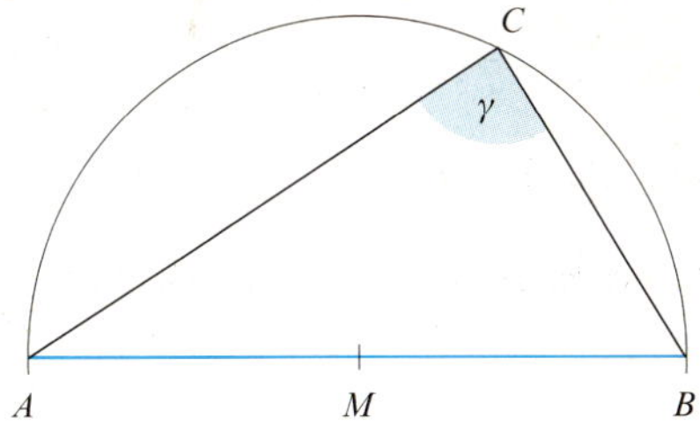 $\gamma = 90°$

Sehnenviereck – Tangentenviereck

Sehnenviereck		Tangentenviereck	
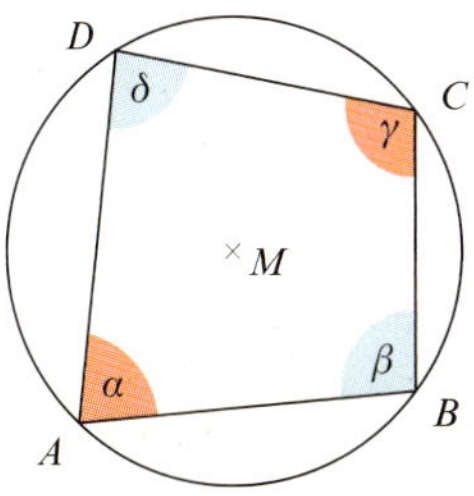	Die Summe der Gegenwinkel im Sehnenviereck ist stets 180°. $\alpha + \gamma = 180°$ und $\beta + \delta = 180°$	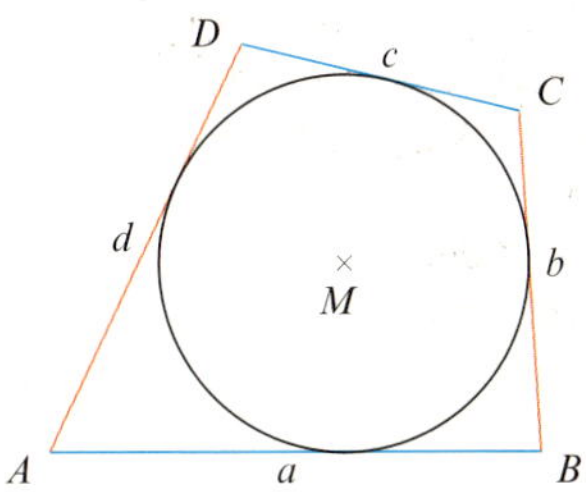	Die Summe der Gegenseiten im Tangentenviereck ist jeweils gleich groß. $a + c = b + d$

Strahlensätze

Wenn zwei Strahlen mit einem gemeinsamen Anfangspunkt von zwei Parallelen geschnitten werden, dann gelten für die dabei entstehenden Teilstrecken folgende Sätze:

1. Strahlensatz

$\overline{ZA} : \overline{ZB} = \overline{ZC} : \overline{ZD}$ bzw. $\overline{ZA} : \overline{AB} = \overline{ZC} : \overline{CD}$

2. Strahlensatz

$\overline{AC} : \overline{BD} = \overline{ZA} : \overline{ZB}$ bzw. $\overline{AC} : \overline{BD} = \overline{ZC} : \overline{ZD}$

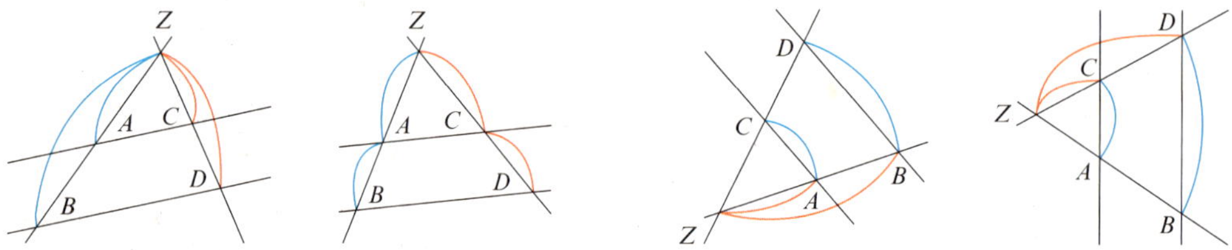

Umkehrung des 1. Strahlensatzes

Zwei Strahlen mit einem gemeinsamen Anfangspunkt werden von zwei Geraden geschnitten. Wenn für die dabei entstehenden Teilstrecken die Beziehung $\overline{ZA} : \overline{ZB} = \overline{ZC} : \overline{ZD}$ gilt, so sind die beiden Geraden parallel zueinander.

Achtung: Die Umkehrung des zweiten Strahlensatzes gilt nicht.

Zentrische Streckung

Eine **zentrische Streckung** $(Z; k)$ mit dem **Streckungszentrum** Z und dem **Streckungsfaktor** k ist eine Abbildung, die jedem Punkt A einen Punkt A' zuordnet, der auf der Geraden ZA liegt und für den gilt: $\overline{ZA'} = |k| \cdot \overline{ZA}$.

Ist $k < 0$, liegt Z zwischen A und A', ist $0 < k < 1$, liegt A' zwschen Z und A ist $k > 1$, liegt A zwischen Z und A'.

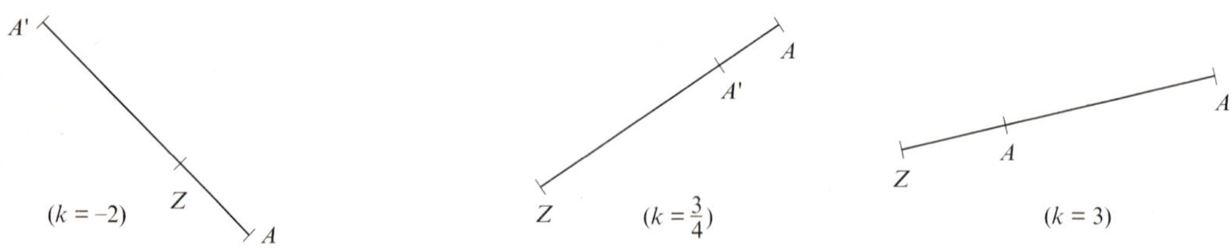

Bei einer zentrischen Streckung $(Z; k)$ sind die Originalfigur und die Bildfigur zueinander ähnlich.
Für das Originalviereck $ABCD$ und das Bildviereck $A'B'C'D'$ gilt:

$\overline{A'B'} \parallel \overline{AB}$; $\overline{B'C'} \parallel \overline{BC}$ usw. sowie $\alpha' = \alpha$ usw.

Für die Umfänge gilt: $u' = k \cdot u$
Für die Flächeninhalte gilt: $A_{A'B'C'D'} = k^2 \cdot A_{ABCD}$
Für die Rauminhalte gilt: $V_{K'} = k^3 \cdot V_K$

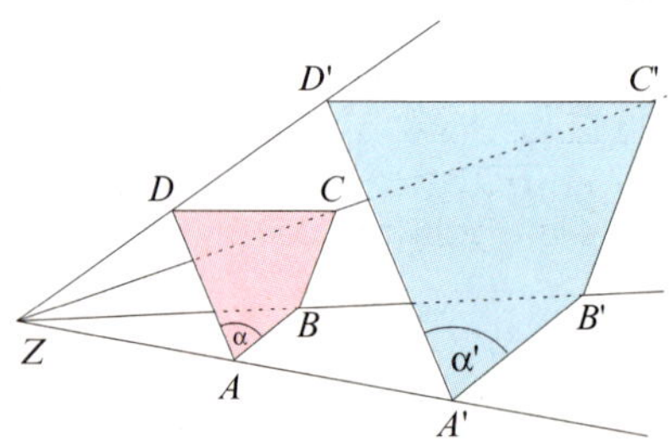

Goldener Schnitt

Wird eine Strecke $\overline{AB}$ in zwei Teilstrecken $\overline{AC}$ und $\overline{CB}$ geteilt und steht die größere Teilstrecke zur kleineren im gleichen Verhältnis wie die Gesamtstrecke zur größeren Teilstrecke, so spricht man vom Goldenen Schnitt:

$\overline{AC} : \overline{CB} = \overline{AB} : \overline{AC}$ bzw. $\frac{a}{b} = \frac{a+b}{a}$

Konstruktion:

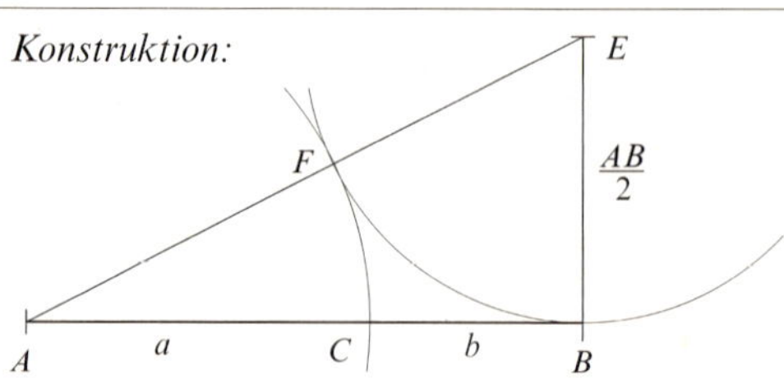

Darstellende Geometrie (Konstruktionsschritte)

Senkrechte Zweitafelprojektion

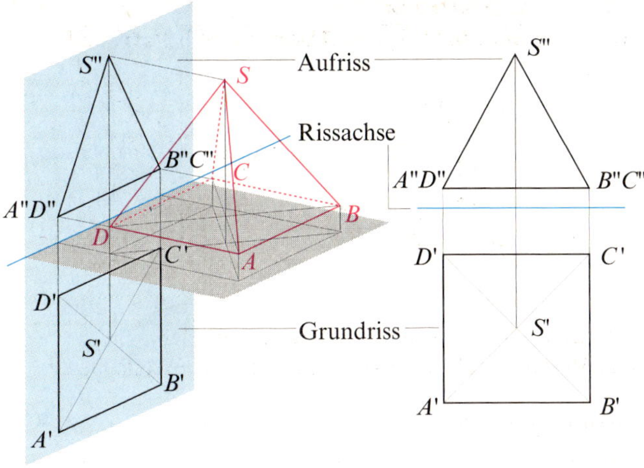

Darstellung in Kavalierperspektive

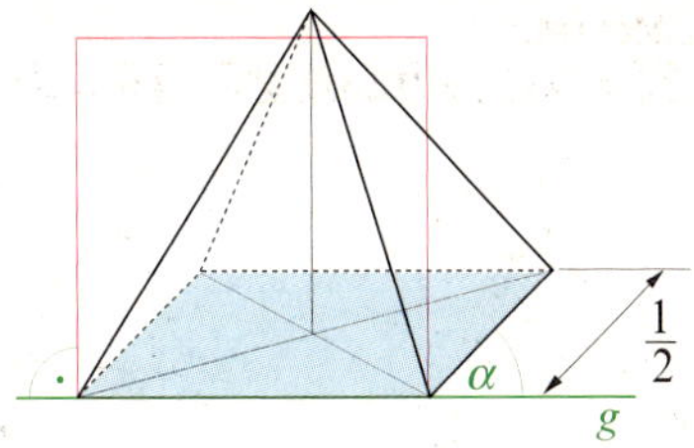

① Auflagefläche in wahrer Größe aufrecht zeichnen (rote Figur).
② In die Tiefe gehende Strecken, auf die Hälfte verkürzt, im Winkel von 45° an die Horizontale g antragen (vgl. Bild).
③ Punkte verbinden – nicht sichtbare Kanten gestrichelt.

Kavalierperspektive (α = 45°; q = 0,5) bei Dreieck, Kreis und Prisma

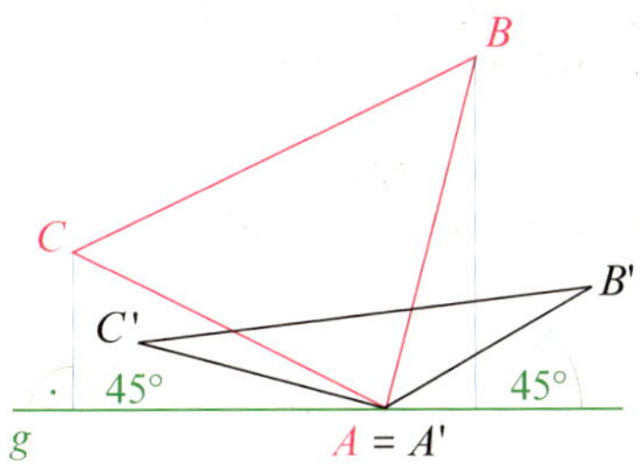

Als Tiefenstrecken dienen Lote von B und C auf die Horizontale g.

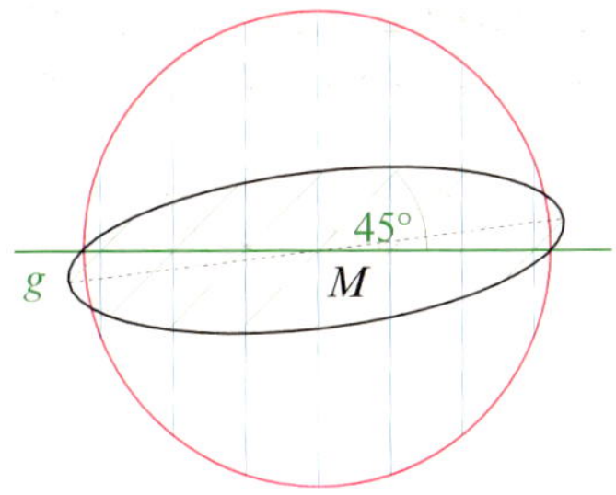

Beim Kreis dienen Sehnen als Tiefenstrecken.

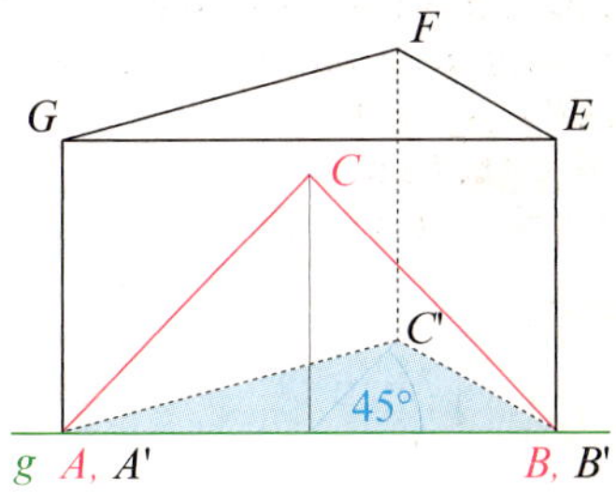

Ermitteln der wahren Länge bzw. der wahren Größe von Strecken und Figuren

Die wahre Länge von Strecken, die gegen beide Tafeln des Zweitafelbildes geneigt sind, ermittelt man durch eine geeignete Drehung ① oder mithilfe eines Stützdreiecks ②.

①

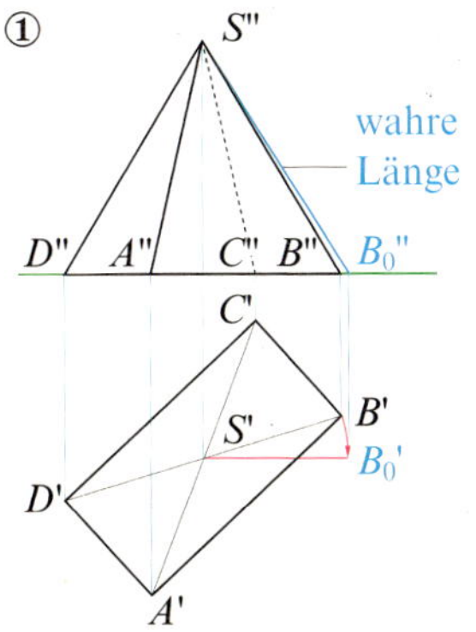

②

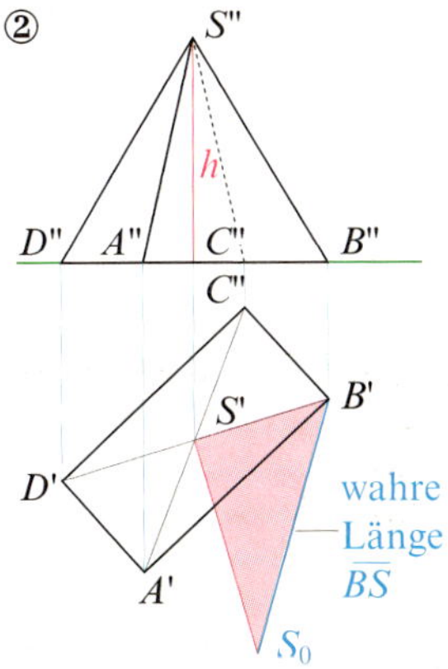

③

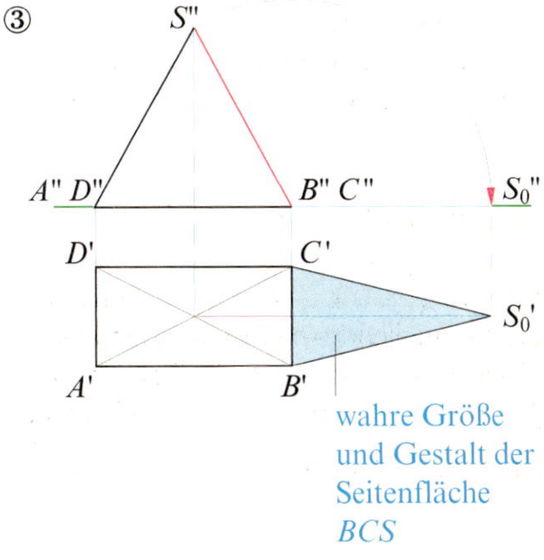

Stochastik

Kombinatorik

Potenzen von Binomen	Wenn $a, b \in \mathbb{R}$ und $n \in \mathbb{N}$, so gilt: $(a \pm b)^0 = 1$ $(a \pm b)^1 = a \pm b$ $(a \pm b)^2 = a^2 \pm 2ab + b^2$ $(a \pm b)^3 = a^3 \pm 3a^2b + 3ab^2 \pm b^3$ $(a \pm b)^4 = a^4 \pm 4a^3b + 6a^2b^2 \pm 4ab^3 + b^4$ $(a \pm b)^5 = a^5 \pm 5a^4b + 10a^3b^2 \pm 10a^2b^3 + 5ab^4 \pm b^5$	Pascal'sches Dreieck 1 1 1 1 2 1 1 3 3 1 1 4 6 4 1 1 5 10 10 5 1
Binomial-koeffizienten	$\binom{n}{k} = \frac{n(n-1)\ldots[n-(k-1)]}{k!} = \frac{n!}{k!\,(n-k)!}$ $(n, k \in \mathbb{N};\ 0 < k \leq n)$; $\binom{n}{0} = 1$ $\binom{n}{k} = \binom{n}{n-k}$; $\binom{n}{k} + \binom{n}{k+1} = \binom{n+1}{k+1}$	
Binomischer Satz	$(a+b)^n = \binom{n}{0}a^n + \binom{n}{1}a^{n-1}b + \binom{n}{2}a^{n-2}b^2 + \ldots + \binom{n}{n-1}ab^{n-1} + \binom{n}{n}b^n = \sum_{k=0}^{n}\binom{n}{k}a^{n-k}b^k$	
Fakultät	$a! = 1 \cdot 2 \cdot 3 \cdot 4 \cdot \ldots \cdot (a-1) \cdot a$ $(a \in \mathbb{N}, a \geq 2)$; $0! = 1$; $1! = 1$; $(a+1)! = a!\,(a+1)$	
Permutationen	Ist eine Menge mit n Elementen gegeben, so bezeichnet man die möglichen Anordnungen aller dieser n Elemente als Permutationen. Anzahl der Permutationen, wenn die n Elemente untereinander verschieden sind: $n!$	Anzahl der Permutationen, wenn es unter den n Elementen $r, s, \ldots, t$ gleiche Elemente gibt: $\frac{n!}{r! \cdot s! \cdot \ldots \cdot t!}$
Variationen	Ist eine Menge mit n verschiedenen Elementen gegeben, so bezeichnet man die möglichen Anordnungen aus je k Elementen dieser Menge in jeder möglichen Reihenfolge als Variationen (Variationen von n Elementen zur k-ten Klasse). Anzahl der Variationen aus je k Elementen, wenn jedes Element in einer Variation jeweils nur einmal vorkommen kann (Anzahl der Variationen ohne Zurücklegen der Elemente): $\frac{n!}{(n-k)!}$	Anzahl der Variationen aus je k Elementen, wenn jedes Element in einer Variation beliebig oft vorkommen kann (Anzahl der Variationen mit Zurücklegen der Elemente): n^k
Kombinationen	Ist eine Menge mit n verschiedenen Elementen gegeben, so bezeichnet man die möglichen Anordnungen aus je k Elementen dieser Menge ohne Berücksichtigung ihrer Reihenfolge als Kombinationen. Variationen sind also Kombinationen mit Berücksichtigung der Reihenfolge der Elemente. (Kombinationen von n Elementen zur k-ten Klasse) Anzahl der Kombinationen aus je k Elementen, wenn jedes Element in einer Kombination jeweils nur einmal vorkommen kann: $\binom{n}{k}$ bzw. $\frac{n!}{k!\,(n-k)!}$	Anzahl der Kombinationen aus je k Elementen, wenn jedes Element in einer Variation beliebig oft vorkommen kann: $\binom{n+k-1}{k}$

Grundbegriffe der Stochastik

Ergebnisse/ Ereignisse	Ein **Vorgang mit zufälligem Ergebnis** (ein Zufallsversuch) hat mehrere mögliche Ergebnisse, von denen nicht vorausgesagt werden kann, welches eintritt. Die Menge aller möglichen Ergebnisse ist die **Ergebnismenge Ω**. Jede Teilmenge A von Ω heißt ein zu diesem Zufallsversuch gehörendes **Ereignis** ($A \subseteq \Omega$). Das Ereignis A tritt ein, wenn bei dem Zufallsversuch ein Ergebnis aus A eintritt. Das **Gegenereignis $\bar{A}$** zu einem Ereignis A ist die Menge aller Ergebnisse, die nicht zu A gehören. **Sicheres Ereignis:** Alle möglichen Ergebnisse sind günstig für das Ereignis. **Unmögliches Ereignis:** Keines der möglichen Ergebnisse ist günstig für das Ereignis.	
Absolute Häufigkeit	Anzahl des Auftretens des Ergebnisses x_i bei n Beobachtungen des Zufallsversuches bzw. bei der Überprüfung einer Stichprobe vom Umfang n:	$H_n(x_i)$
Relative Häufigkeit	Relative Häufigkeit des Ergebnisses x_i bei n Beobachtungen eines Zufallsversuches (bei einer Stichprobe vom Umfang n): Relative Häufigkeit des Ereignisses A bei n Beobachtungen eines Zufallsversuches (bei einer Stichprobe vom Umfang n), wobei insgesamt k-mal für das Ereignis A günstige Ergebnisse aufgetreten sind:	$h_n(x_i) = \frac{H_n(x_i)}{n}$ $h_n(A) = \frac{k}{n}$
	Die relative Häufigkeit des Ereignisses A ist gleich der Summe der relativen Häufigkeiten der Ergebnisse, die für das Ereignis A günstig sind. Für $A = \{x_1, x_2, \ldots, x_r\}$ gilt: $h_n(A) = h_n(x_1) + h_n(x_2) + \ldots + h_n(x_r)$	
Wahrscheinlichkeit	Die beobachtete relative Häufigkeit $h_n(A)$ des Eintretens von A nähert sich mit wachsender Beobachtungszahl n dem stabilen Wert $P(A)$, der **Wahrscheinlichkeit des Ereignisses**. *Grundeigenschaften:* Es gilt $0 \leq P(A) \leq 1$ und ferner ist: $P(A) = P(x_1) + P(x_2) + \ldots + P(x_r)$, falls $A = \{x_1, x_2, \ldots, x_r\}$ $P(\Omega) = 1$ Wahrscheinlichkeit des sicheren Ereignisses Ω $P(\emptyset) = 0$ Wahrscheinlichkeit des unmöglichen Ereignisses $\emptyset$ $P(\bar{A}) = 1 - P(A)$ Wahrscheinlichkeit des zu A entgegengesetzten Ereignisses $\bar{A}$ **Laplace-Wahrscheinlichkeit (klassische Wahrscheinlichkeit)**: Sind alle Ergebnisse bei einem Vorgang mit zufälligem Ergebnis gleich wahrscheinlich, so gilt: $P(A) = \frac{\text{Anzahl der für } A \text{ günstigen Ergebnisse}}{\text{Anzahl der möglichen Ergebnisse}}$	

Kenngrößen der Häufigkeitsverteilung einer Datenreihe

Arithmetisches Mittel $\bar{x}$	Berechnung von $\bar{x}$ aus der Summe aller Ergebnisse $x_1, x_2, \ldots, x_n$: Treten bei den n Ergebnissen r verschiedene Ergebnisse auf, so berechnet man $\bar{x}$ unter Hinzuziehung • der absoluten Häufigkeiten der Ergebnisse: oder • der relativen Häufigkeiten der Ergebnisse:	$\bar{x} = \frac{x_1 + x_2 + \ldots + x_n}{n}$ $\bar{x} = \frac{x_1 \cdot H_n(x_1) + x_2 \cdot H_n(x_2) + \ldots + x_r \cdot H_n(x_r)}{n}$ $\bar{x} = x_1 \cdot h_n(x_1) + x_2 \cdot h_n(x_2) + \ldots + x_r \cdot h_n(x_r)$
Zentralwert $\tilde{x}$ (Median) Modalwert m	$\tilde{x}$ halbiert die der Größe nach geordnete Datenreihe. Für $2n + 1$ Daten ist es der $(n + 1)$-te Wert, für $2n$ Daten ist es das arithmetische Mittel aus n-tem und $(n + 1)$-tem Wert. m ist der am häufigsten beobachtete Wert. (Eine Datenreihe kann mehrere Modalwerte haben.)	

Kenngrößen zur Charakterisierung der Streuung

Spannweite d	d ist die Differenz zwischen dem größten und dem kleinsten Wert einer Datenreihe:	$d = x_{\max} - x_{\min}$
Halbweite H	H ist die Differenz zwischen dem oberen Viertelwert $x_{3/4}$ und dem unteren Viertelwert $x_{1/4}$ einer Datenreihe. (Der Viertelwert $x_{1/4}$ halbiert die untere Hälfte der Datenreihe, $x_{3/4}$ halbiert die obere Hälfte der Datenreihe.):	$H = x_{3/4} - x_{1/4}$
Mittlere quadratische Abweichung (empirische Varianz) s^2	s^2 ist ein Maß für die Streuung der Beobachtungswerte um den Mittelwert $\bar{x}$. Berechnung der mittleren quadratischen Abweichung der Beobachtungswerte vom Mittelwert $\bar{x}$ der Beobachtungswerte • unter Hinzuziehung der absoluten Häufigkeiten $H_n(x_1), H_n(x_2), \ldots, H_n(x_r)$: $s^2 = \frac{(x_1 - \bar{x})^2 \cdot H_n(x_1) + (x_2 - \bar{x})^2 \cdot H_n(x_2) + \ldots + (x_r - \bar{x})^2 \cdot H_n(x_r)}{n}$ • unter Hinzuziehung der relativen Häufigkeiten $h_n(x_1), h_n(x_2), \ldots, h_n(x_r)$: $s^2 = (x_1 - \bar{x})^2 \cdot h_n(x_1) + (x_2 - \bar{x})^2 \cdot h_n(x_2) + \ldots + (x_r - \bar{x})^2 \cdot h_n(x_r) = \sum_{i=1}^{r} (x_i - \bar{x})^2 \cdot h_n(x_i)$	
Standardabweichung s	Ein weiteres Maß für die Streuung um den Mittelwert $\bar{x}$ ist die Standardabweichung s: $s = \sqrt{s^2} = \sqrt{(x_1 - \bar{x})^2 \cdot h_n(x_1) + (x_2 - \bar{x})^2 \cdot h_n(x_2) + \ldots + (x_r - \bar{x})^2 \cdot h_n(x_r)}$	

Mehrstufige Zufallsversuche

1. Pfadregel	**Produktregel:** Die Wahrscheinlichkeit eines Ergebnisses ist gleich dem Produkt der Wahrscheinlichkeiten entlang des jeweiligen Pfades im Baumdiagramm. (Im Bild gilt: $P(AD) = p_1 \cdot p_4$)	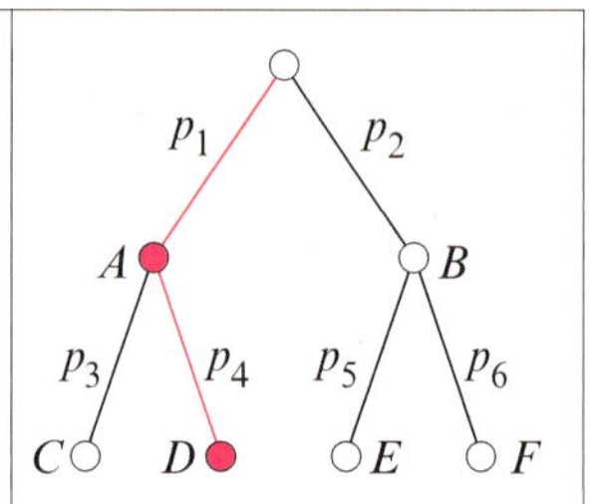
2. Pfadregel	**Summenregel:** Die Wahrscheinlichkeit eines Ereignisses ist gleich der Summe der Wahrscheinlichkeiten aller der Pfade, die für dieses Ereignis günstig sind.	

Rechnen mit Wahrscheinlichkeiten

Additionssatz	Für die Wahrscheinlichkeit des Eintretens des Ereignisses A oder des Ereignisses B gilt:	$P(A \cup B) = P(A) + P(B) - P(A \cap B)$
	Falls A und B unvereinbar sind, gilt:	$P(A \cup B) = P(A) + P(B)$
Bedingte Wahrscheinlichkeit	Für die Wahrscheinlichkeit des Eintretens von A unter der Bedingung, dass das Ereignis B eingetreten ist, gilt:	$P(A \mid B) = \frac{P(A \cap B)}{P(B)}$
Multiplikationssatz	Für die Wahrscheinlichkeit des Eintretens sowohl des Ereignisses A als auch des Ereignisses B gilt:	$P(A \cap B) = P(A) \cdot P(B \mid A) = P(B) \cdot P(A \mid B)$
	A und B heißen voneinander **unabhängig** genau dann, wenn gilt:	$P(A \cap B) = P(A) \cdot P(B)$

Zufallsgrößen und ihre Wahrscheinlichkeitsverteilung

Wahrscheinlichkeitsverteilung einer diskreten Zufallsgröße X	Es seien x_i ($i = 1, 2, 3, \ldots, k$) die Werte, die eine diskrete Zufallsgröße X annehmen kann und p_i die zugeordneten Wahrscheinlichkeiten für das Eintreten der x_i. Es ist $E(X) = \sum_{i=1}^{k} x_i \cdot p_i = \mu$ der **Erwartungswert** (Mittelwert) der Zufallsgröße X, $Var(X) = \sum_{i=1}^{k} (x_i - \mu)^2 \cdot p_i$ die **Varianz** der Zufallsgröße X und $\sigma(X) = \sqrt{Var(X)}$ die **Standardabweichung** von X.
Bernoulli-Versuch	Ein **Bernoulli-Versuch** ist ein Zufallsversuch, bei dem man sich nur dafür interessiert, ob ein bestimmtes Ereignis eintritt oder nicht. Eine **Bernoulli-Kette** ist eine Serie unabhängiger Bernoulli-Versuche. Wenn p die Wahrscheinlichkeit für das Eintreten eines bestimmten Ereignisses (Treffer) ist und der Zufallsversuch n-mal wiederholt wird, dann gilt: • Die Wahrscheinlichkeit für genau k Treffer ist: $P(X = k) = \binom{n}{k} p^k \cdot (1-p)^{n-k}$ • Die Wahrscheinlichkeit für mindestens einen Treffer ist: $P(X \geq 1) = 1 - (1-p)^n$ • Soll die Wahrscheinlichkeit für mindestens einen Treffer größer oder gleich a ($0 < a < 1$) sein, so gilt für die Länge n der Kette: $n \geq \frac{\ln(1-a)}{\ln(1-p)}$
Binomialverteilung	Eine Zufallsgröße heißt **binomialverteilt** mit den Parametern n und p, wenn für alle k ($k = 0, 1, \ldots, n$) gilt: $P(X = k) = \binom{n}{k} p^k \cdot (1-p)^{n-k}$ Erwartungswert $E(X) = n \cdot p$ Varianz $Var(X) = n \cdot p \cdot (1-p)$ Standardabweichung $\sigma(X) = \sqrt{n \cdot p \cdot (1-p)}$
Gestalt der Binomial-Verteilung in Abhängigkeit von den Parametern n und p (P_k steht für $P(X = k)$)	siehe folgende Darstellung

n fest, p ändert sich: $p_1 < p_2 < p_3$	p fest, n ändert sich: $n_1 < n_2 < n_3$
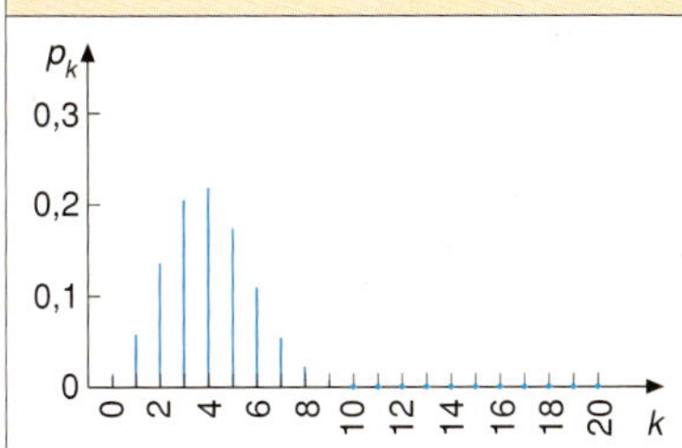	
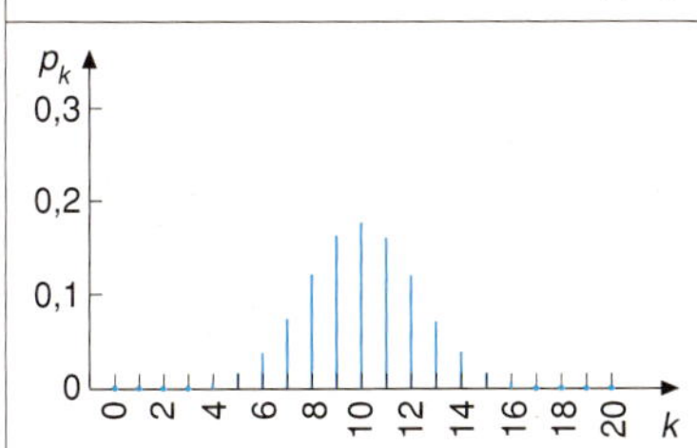	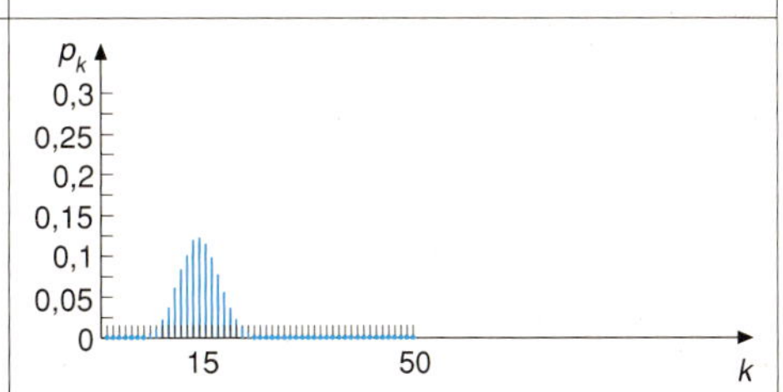
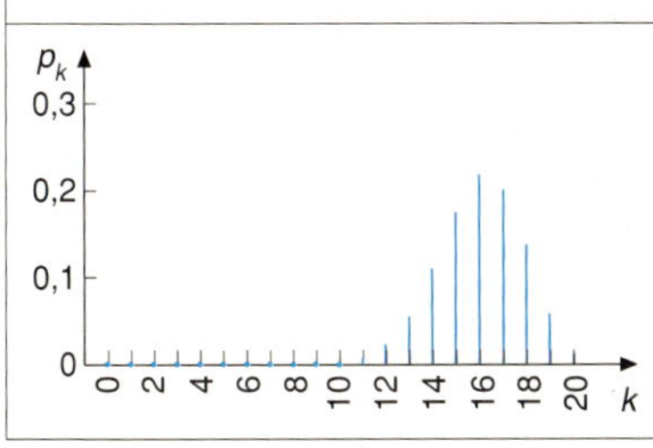	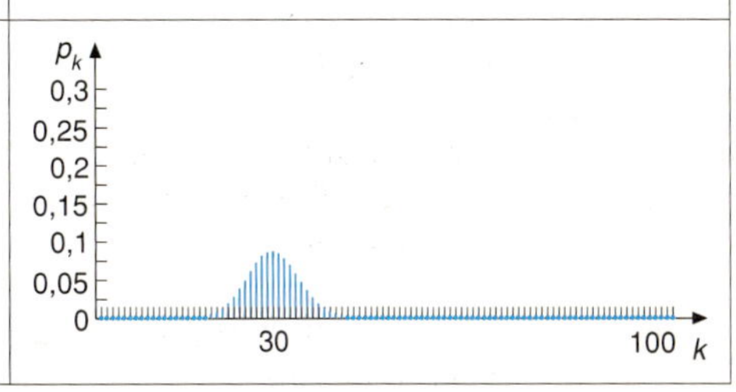

Wertetafel zur Binomialverteilung (n = 2; …; 10) $P(X = k) = \binom{n}{k} p^k \cdot (1-p)^{n-k}$

n	k	p	0,02	0,03	0,04	0,05	0,10	1/6	0,20	0,30	1/3	0,40	0,50	k	n
2	0		0,9604	9409	9216	9025	8100	6944	6400	4900	4444	3600	2500	2	2
	1		0392	0582	0768	0950	1800	2778	3200	4200	4444	4800	5000	1	
	2		0004	0009	0016	0025	0100	0278	0400	0900	1111	1600	2500	0	
3	0		0,9412	9127	8847	8574	7290	5787	5120	3430	2963	2160	1250	3	3
	1		0576	0847	1106	1354	2430	3472	3840	4410	4444	4320	3750	2	
	2		0012	0026	0046	0071	0270	0694	0960	1890	2222	2880	3750	1	
	3				0001	0001	0010	0046	0080	0270	0370	0640	1250	0	
4	0		0,9224	8853	8493	8145	6561	4823	4096	2401	1975	1296	0625	4	4
	1		0753	1095	1416	1715	2916	3858	4096	4116	3951	3456	2500	3	
	2		0023	0051	0088	0135	0486	1157	1536	2646	2963	3456	3750	2	
	3			0001	0002	0005	0036	0154	0256	0756	0988	1536	2500	1	
	4						0001	0008	0016	0081	0123	0256	0625	0	
5	0		0,9039	8587	8154	7738	5905	4019	3277	1681	1317	0778	0313	5	5
	1		0922	1328	1699	2036	3281	4019	4096	3602	3292	2592	1563	4	
	2		0038	0082	0142	0214	0729	1608	2048	3087	3292	3456	3125	3	
	3		0001	0003	0006	0011	0081	0322	0512	1323	1646	2304	3125	2	
	4						0005	0032	0064	0284	0412	0768	1563	1	
	5							0001	0003	0024	0041	0102	0313	0	
6	0		0,8858	8330	7828	7351	5314	3349	2621	1176	0878	0467	0156	6	6
	1		1085	1546	1957	2321	3543	4019	3932	3025	2634	1866	0938	5	
	2		0055	0120	0204	0305	0984	2009	2458	3241	3292	3110	2344	4	
	3		0002	0005	0011	0021	0146	0536	0819	1852	2195	2765	3125	3	
	4					0001	0012	0080	0154	0595	0823	1382	2344	2	
	5						0001	0006	0015	0102	0165	0369	0938	1	
	6								0001	0007	0014	0041	0156	0	
7	0		0,8681	8080	7514	6983	4783	2791	2097	0824	0585	0280	0078	7	7
	1		1240	1749	2192	2573	3720	3907	3670	2471	2048	1306	0547	6	
	2		0076	0162	0274	0406	1240	2344	2753	3177	3073	2613	1641	5	
	3		0003	0008	0019	0036	0230	0781	1147	2269	2561	2903	2734	4	
	4				0001	0002	0026	0156	0287	0972	1280	1935	2734	3	
	5						0002	0019	0043	0250	0384	0774	1641	2	
	6							0001	0004	0036	0064	0172	0547	1	
	7									0002	0005	0016	0078	0	
8	0		0,8508	7837	7214	6634	4305	2326	1678	0576	0390	0168	0039	8	8
	1		1389	1939	2405	2793	3826	3721	3355	1977	1561	0896	0313	7	
	2		0099	0210	0351	0515	1488	2605	2936	2965	2731	2090	1094	6	
	3		0004	0013	0029	0054	0331	1042	1468	2541	2731	2787	2188	5	
	4			0001	0002	0004	0046	0260	0459	1361	1707	2322	2734	4	
	5						0004	0042	0092	0467	0683	1239	2188	3	
	6							0004	0011	0100	0171	0413	1094	2	
	7								0001	0012	0024	0079	0313	1	
	8									0001	0002	0007	0039	0	
9	0		0,8337	7602	6925	6302	3874	1938	1342	0404	0260	0101	0020	9	9
	1		1531	2116	2597	2985	3874	3489	3020	1556	1171	0605	0176	8	
	2		0125	0262	0433	0629	1722	2791	3020	2668	2341	1612	0703	7	
	3		0006	0019	0042	0077	0446	1302	1762	2668	2731	2508	1641	6	
	4			0001	0003	0006	0074	0391	0661	1715	2048	2508	2461	5	
	5						0008	0078	0165	0735	1024	1672	2461	4	
	6						0001	0010	0028	0210	0341	0743	1641	3	
	7							0001	0003	0039	0073	0212	0703	2	
	8									0004	0009	0035	0176	1	
	9										0001	0003	0020	0	
10	0		0,8171	7374	6648	5987	3487	1615	1074	0282	0173	0060	0010	10	10
	1		1667	2281	2770	3151	3874	3230	2684	1211	0867	0403	0098	9	
	2		0153	0317	0519	0746	1937	2907	3020	2335	1951	1209	0439	8	
	3		0008	0026	0058	0105	0574	1550	2013	2668	2601	2150	1172	7	
	4			0001	0004	0010	0112	0543	0881	2001	2276	2508	2051	6	
	5					0001	0015	0130	0264	1029	1366	2007	2461	5	
	6						0001	0022	0055	0368	0569	1115	2051	4	
	7							0002	0008	0090	0163	0425	1172	3	
	8								0001	0014	0030	0106	0439	2	
	9									0001	0003	0016	0098	1	
	10											0001	0010	0	
n	k	p	0,98	0,97	0,96	0,95	0,90	5/6	0,80	0,70	2/3	0,60	0,50	k	n

Summierte Binomialverteilung ($n = 2; \ldots; 10$)

$$P(X \le k) = \sum_{i=0}^{k} \binom{n}{i} p^i \cdot (1-p)^{n-i}$$

n	k	p	0,02	0,03	0,04	0,05	0,10	1/6	0,20	0,30	1/3	0,40	0,50	k	n
2	0		0,9604	9409	9216	9025	8100	6944	6400	4900	4444	3600	2500	1	2
	1		9996	9991	9984	9975	9900	9722	9600	9100	8889	8400	7500	0	
3	0		0,9412	9127	8847	8574	7290	5787	5120	3430	2963	2160	1250	2	3
	1		9988	9974	9953	9928	9720	9259	8960	7840	7407	6480	5000	1	
	2				9999	9999	9990	9954	9920	9730	9630	9360	8750	0	
4	0		0,9224	8853	8493	8145	6561	4823	4096	2401	1975	1296	0625	3	4
	1		9977	9948	9909	9860	9477	8681	8192	6517	5926	4762	3125	2	
	2			9999	9998	9995	9963	9838	9728	9163	8889	8208	6875	1	
	3						9999	9992	9984	9919	9877	9744	9375	0	
5	0		0,9039	8587	8154	7738	5905	4019	3277	1681	1317	0778	0313	4	5
	1		9962	9915	9852	9774	9185	8038	7373	5282	4609	3370	1875	3	
	2		9999	9997	9994	9988	9914	9645	9421	8369	7901	6826	5000	2	
	3						9995	9967	9933	9692	9547	9130	8125	1	
	4							9999	9997	9976	9959	9898	9688	0	
6	0		0,8858	8330	7828	7351	5314	3349	2621	1176	0878	0467	0156	5	6
	1		9943	9875	9784	9672	8857	7368	6554	4202	3512	2333	1094	4	
	2		9998	9995	9988	9978	9842	9377	9011	7443	6804	5443	3438	3	
	3					9999	9987	9913	9830	9295	8999	8208	6563	2	
	4						9999	9993	9984	9891	9822	9590	8906	1	
	5								9999	9993	9986	9959	9844	0	
7	0		0,8681	8080	7514	6983	4783	2791	2097	0824	0585	0280	0078	6	7
	1		9921	9829	9706	9556	8503	6698	5767	3294	2634	1586	0625	5	
	2		9997	9991	9980	9962	9743	9042	8520	6471	5706	4199	2266	4	
	3				9999	9998	9973	9824	9667	8740	8267	7102	5000	3	
	4						9998	9980	9953	9712	9547	9037	7734	2	
	5							9999	9996	9962	9931	9812	9375	1	
	6									9998	9995	9984	9922	0	
8	0		0,8508	7837	7214	6634	4305	2326	1678	0576	0390	0168	0039	7	8
	1		9897	9777	9619	9428	8131	6047	5033	2553	1951	1064	0352	6	
	2		9996	9987	9969	9942	9619	8652	7969	5518	4682	3154	1445	5	
	3			9999	9998	9996	9950	9693	9437	8059	7414	5941	3633	4	
	4						9996	9954	9896	9420	9121	8263	6367	3	
	5							9996	9988	9887	9803	9502	8555	2	
	6								9999	9987	9974	9915	9648	1	
	7									9999	9998	9993	9961	0	
9	0		0,8337	7602	6925	6302	3874	1938	1342	0404	0260	0101	0020	8	9
	1		9869	9718	9222	9288	7748	5427	4362	1960	1431	0705	0195	7	
	2		9994	9980	9955	9916	9470	8217	7382	4628	3772	2318	0898	6	
	3			9999	9997	9994	9917	9520	9144	7297	6503	4826	2539	5	
	4						9991	9911	9804	9012	8552	7334	5000	4	
	5						9999	9989	9969	9747	9576	9006	7461	3	
	6							9999	9997	9957	9917	9750	9102	2	
	7									9996	9990	9962	9805	1	
	8										9999	9997	9980	0	
10	0		0,8171	7374	6648	5987	3487	1615	1074	0282	0173	0060	0010	9	10
	1		9838	9655	9418	9139	7361	4845	3758	1493	1040	0464	0107	8	
	2		9991	9972	9938	9885	9298	7752	6778	3828	2991	1673	0547	7	
	3			9999	9996	9990	9872	9303	8791	6496	5593	3823	1719	6	
	4					9999	9984	9845	9672	8497	7869	6331	3770	5	
	5						9999	9976	9936	9527	9234	8338	6230	4	
	6							9997	9991	9894	9803	9452	8281	3	
	7								9999	9984	9966	9877	9453	2	
	8									9999	9996	9983	9893	1	
	9											9999	9990	0	
n	k	p	0,98	0,97	0,96	0,95	0,90	5/6	0,80	0,70	2/3	0,60	0,50	k	n

Alle freien Plätze dieser Seite würden durch das Runden auf 4 Dezimalen den Wert 1,0000 enthalten.

Beachte! Wenn Werte über den zweiten, gelb unterlegten Eingang der Tabelle abgelesen werden sollen, d. h. $p \ge 0{,}5$, muss die Differenz 1 – (abgelesener Wert) ermittelt werden.
Beispiel: $n = 8$; $k = 3$, $p = 0{,}6$; $P(X \le 3) = 1{,}0000 - 0{,}8263 = 0{,}1737$

Wertetafel zur Binomialverteilung (p = 12, 14, 16, 18) $P(X = k) = \binom{n}{k} p^k \cdot (1-p)^{n-k}$

n	k	p	0,02	0,03	0,04	0,05	0,10	1/6	0,20	0,30	1/3	0,40	0,50	k	n
	0		0,7847	6938	6127	5404	2824	1122	0687	0138	0077	0022	0002	12	
	1		1922	2575	3064	3413	3766	2692	2062	0712	0462	0174	0029	11	
	2		0216	0438	0702	0988	2301	2961	2835	1678	1272	0639	0161	10	
	3		0015	0045	0098	0173	0852	1974	2362	2397	2120	1419	0537	9	
	4		0001	0003	0009	0021	0213	0888	1329	2311	2384	2128	1209	8	
	5		0000	0000	0001	0002	0038	0284	0532	1585	1908	2270	1934	7	
12	6				0000	0000	0005	0066	0155	0792	1113	1766	2256	6	12
	7						0000	0011	0033	0291	0477	1009	1934	5	
	8							0001	0005	0078	0149	0420	1209	4	
	9							0000	0001	0015	0033	0125	0537	3	
	10								0000	0002	0005	0025	0161	2	
	11									0000	0000	0003	0029	1	
	12											0000	0002	0	
	0		0,7536	6528	5647	4877	2288	0779	0440	0068	0034	0008	0001	14	
	1		2153	2827	3294	3593	3559	2181	1539	0407	0240	0073	0009	13	
	2		0286	0568	0892	1229	2570	2835	2501	1134	0779	0317	0056	12	
	3		0023	0070	0149	0259	1142	2268	2501	1943	1559	0845	0222	11	
	4		0001	0006	0017	0037	0349	1247	1720	2290	2143	1549	0611	10	
	5		0000	0000	0001	0004	0078	0499	0860	1963	2143	2066	1222	9	
	6				0000	0000	0013	0150	0322	1262	1607	2066	1833	8	
14	7						0002	0034	0092	0618	0918	1574	2095	7	14
	8						0000	0006	0020	0232	0402	0918	1833	6	
	9							0001	0003	0066	0134	0408	1222	5	
	10							0000	0000	0014	0033	0136	0611	4	
	11									0002	0006	0033	0222	3	
	12									0000	0001	0005	0056	2	
	13										0000	0001	0009	1	
	14											0000	0001	0	
	0		0,7238	6143	5204	4401	1853	0541	0281	0033	0015	0003	0000	16	
	1		2363	3040	3469	3706	3294	1731	1126	0228	0122	0030	0002	15	
	2		0362	0705	1084	1463	2745	2596	2111	0732	0457	0150	0018	14	
	3		0034	0102	0211	0359	1423	2423	2463	1465	1066	0468	0085	13	
	4		0002	0010	0029	0061	0514	1575	2001	2040	1732	1014	0278	12	
	5		0000	0001	0003	0008	0137	0756	1201	2099	2078	1623	0667	11	
	6			0000	0000	0001	0028	0277	0550	1649	1905	1983	1222	10	
	7					0000	0004	0079	0197	1010	1361	1889	1746	9	
16	8						0001	0018	0055	0487	0765	1417	1964	8	16
	9						0000	0003	0012	0185	0340	0840	1746	7	
	10							0000	0002	0056	0119	0392	1222	6	
	11								0000	0013	0032	0142	0667	5	
	12									0002	0007	0040	0278	4	
	13									0000	0001	0008	0085	3	
	14										0000	0001	0018	2	
	15											0000	0002	1	
	16												0000	0	
	0		0,6951	5780	4796	3972	1501	0376	0180	0016	0007	0001	0000	18	
	1		2554	3217	3597	3763	3002	1352	0811	0126	0061	0012	0001	17	
	2		0443	0846	1274	1683	2835	2299	1723	0458	0259	0069	0006	16	
	3		0048	0140	0283	0473	1680	2452	2297	1046	0690	0246	0031	15	
	4		0004	0016	0044	0093	0700	1839	2153	1681	1294	0614	0117	14	
	5		0000	0001	0005	0014	0218	1030	1507	2017	1812	1146	0327	13	
	6			0000	0000	0002	0052	0446	0816	1873	1963	1655	0708	12	
	7					0000	0010	0153	0350	1376	1682	1892	1214	11	
18	8						0002	0042	0120	0811	1157	1734	1669	10	18
	9						0000	0009	0033	0386	0643	1284	1855	9	
	10							0002	0008	0149	0289	0771	1669	8	
	11							0000	0001	0046	0105	0374	1214	7	
	12								0000	0012	0031	0145	0708	6	
	13									0002	0007	0045	0327	5	
	14									0000	0001	0011	0117	4	
	15										0000	0002	0031	3	
	16											0000	0006	2	
	17												0000	1	
n	k	p	0,98	0,97	0,96	0,95	0,90	5/6	0,80	0,70	2/3	0,60	0,50	k	n

Summierte Binomialverteilung (n = 12, 14, 16, 18) $P(X \le k) = \sum_{i=0}^{k} \binom{n}{i} p^i \cdot (1-p)^{n-i}$

n	k	p: 0,02	0,03	0,04	0,05	0,10	1/6	0,20	0,30	2/3	0,40	0,50	k	n
12	0	0,7847	6938	6127	5404	2824	1122	0687	0138	0077	0022	0002	11	12
	1	9769	9514	9191	8816	6590	3813	2749	0850	0540	0196	0032	10	
	2	9985	9952	9893	9804	8891	6774	5583	2528	1811	0834	0193	9	
	3	9999	9997	9990	9978	9744	8748	7946	4925	3931	2253	0730	8	
	4			9999	9998	9957	9637	9274	7237	6315	4382	1938	7	
	5					9995	9921	9806	8822	8223	6652	3872	6	
	6					9999	9987	9961	9614	9336	8418	6128	5	
	7						9998	9994	9905	9812	9427	8062	4	
	8							9999	9983	9961	9847	9270	3	
	9								9998	9995	9972	9807	2	
	10										9997	9968	1	
	11											9998	0	
14	0	0,7536	6528	5647	4877	2288	0779	0440	0068	0034	0008	0001	13	14
	1	9690	9355	8941	8470	5846	2960	1979	0475	0274	0081	0009	12	
	2	9975	9923	9833	9699	8416	5795	4481	1608	1053	0398	0065	11	
	3	9999	9994	9981	9958	9559	8063	6982	3552	2612	1243	0287	10	
	4			9998	9996	9908	9310	8702	5842	4755	2793	0898	9	
	5					9985	9809	9561	7805	6898	4859	2120	8	
	6					9998	9959	9884	9067	8505	6925	3953	7	
	7						9993	9976	9685	9424	8499	6047	6	
	8						9999	9996	9917	9826	9417	7880	5	
	9								9983	9960	9825	9102	4	
	10								9998	9993	9961	9713	3	
	11									9999	9994	9935	3	
	12										9999	9991	1	
	13											9999	0	
16	0	0,7238	6143	5204	4401	1853	0541	0281	0033	0015	0003	0000	15	16
	1	9601	9182	8673	8108	5147	2272	1407	0261	0137	0033	0003	14	
	2	9963	9887	9758	9571	7892	4868	3518	0994	0594	0183	0021	13	
	3	9998	9989	9968	9930	9316	7291	5981	2459	1659	0651	0106	12	
	4		9999	9997	9991	9830	8866	7982	4499	3391	1666	0384	11	
	5				9999	9967	9622	9183	6598	5469	3288	1051	10	
	6					9995	9899	9733	8247	7374	5272	2272	9	
	7					9999	9979	9930	9256	8735	7161	4018	8	
	8						9996	9985	9743	9500	8577	5982	7	
	9							9998	9929	9841	9417	7728	6	
	10								9984	9960	9809	8949	5	
	11								9997	9992	9951	9616	4	
	12									9999	9991	9894	3	
	13										9999	9979	2	
	14											9997	1	
	15												0	
18	0	0,6951	5780	4796	3972	1501	0376	0180	0016	0007	0001	0000	17	18
	1	9505	8997	8393	7735	4503	1728	0991	0142	0068	0013	0001	16	
	2	9948	9843	9667	9419	7338	4027	2713	0600	0326	0082	0007	15	
	3	9996	9982	9950	9891	9018	6479	5010	1646	1017	0328	0038	14	
	4		9998	9994	9985	9718	8318	7164	3327	2311	0942	0154	13	
	5			9999	9998	9936	9347	8671	5344	4122	2088	0481	12	
	6					9988	9794	9487	7217	6085	3743	1189	11	
	7					9998	9947	9837	8593	7767	5634	2403	10	
	8						9989	9957	9404	8924	7368	4073	9	
	9						9998	9991	9790	9567	8653	5927	8	
	10							9998	9939	9856	9424	7597	7	
	11								9986	9961	9797	8811	6	
	12								9997	9991	9943	9519	5	
	13									9999	9987	9846	4	
	14										9998	9962	3	
	15											9993	2	
	16											9999	1	
n	k	p: 0,98	0,97	0,96	0,95	0,90	5/6	0,80	0,70	2/3	0,60	0,50	k	n

Alle freien Plätze dieser Seite würden durch das Runden auf 4 Dezimalen den Wert 1,0000 enthalten.

Beachte! Wenn Werte über den zweiten, gelb unterlegten Eingang der Tabelle abgelesen werden sollen, d. h. $p \ge 0{,}5$, muss die Differenz 1 – (abgelesener Wert) ermittelt werden.

Beispiel: $n = 12$; $k = 9$; $p = 0{,}95$: $P(X \le 9) = 1{,}0000 - 0{,}9804 = 0{,}0196$

Zufallsziffern

Zeile	Spalte 1	6	11	16	21	26	31	36	41	46
1	40653	82715	29835	27852	32191	08941	50090	61628	65483	68626
	20388	02169	45693	90569	04706	17889	05236	26044	69228	97623
	57375	04758	13200	06366	26794	80210	12428	97669	38347	14644
	29285	35386	06306	17756	01889	46567	63690	63322	01017	61988
	83962	35849	08903	05793	96942	95658	46987	27525	65613	52743
6	66069	77855	15735	32548	10974	45251	05650	48448	07123	91208
	88181	96842	04303	54328	24074	47946	86171	07035	01102	13039
	95048	96876	80669	11018	41785	59413	13462	77991	67173	67110
	54896	29949	98441	20674	21872	37943	19470	94930	49602	60368
	67330	86909	12329	30622	48336	40615	89047	01519	28522	10795
11	46523	20927	02553	56011	73696	58072	52382	93454	68062	04286
	02349	65756	96906	12472	63225	76378	70719	86979	79069	87335
	41171	30721	67419	01523	62544	90206	01661	40897	04276	12350
	47476	71046	59731	53044	38860	51080	25567	28590	42538	24039
	80949	37558	59607	86281	78195	34547	64538	55686	17243	14952
16	42544	61262	61917	67009	02129	53738	78084	39678	11714	75672
	78525	59155	17681	27377	53521	87219	21689	38698	36575	38855
	85123	05896	67580	83757	16462	97117	80214	35832	22654	97535
	55625	54556	34184	37696	49685	52220	12043	43907	34623	09100
	32886	56880	00664	92270	95370	68380	40080	88305	32970	27418
21	90245	78149	75928	56698	30673	17850	90999	83915	83790	51120
	95852	27875	23509	08221	78018	33343	78167	44176	43353	20759
	58523	59268	46692	65717	46108	43848	44345	02564	98770	04382
	02091	44328	69638	24757	07074	53044	55039	29285	06272	65713
	45386	46823	39271	56819	57679	82300	44452	38678	08782	40501
26	63403	45072	53838	64968	38927	58665	82977	45721	47508	16489
	91764	22041	14681	13412	90484	32597	61926	62937	70314	09562
	84775	96110	74931	78038	45171	77311	39051	50771	24411	05340
	00684	72931	20561	98505	85582	88178	13299	85881	93058	82880
	74419	83717	02176	91077	22202	26631	62100	41765	24536	24967
31	61317	29832	55744	31002	94051	95486	38471	01157	24471	78669
	41977	67597	56282	17431	57695	67395	68436	90916	09096	93813
	10214	70778	62085	37554	69699	89270	67972	60884	69308	57300
	59174	66491	35653	17796	86621	07090	80557	82156	68647	67575
	40972	92317	37287	92170	45520	85312	15886	00166	91310	20742
36	50859	98860	73847	93671	75457	84486	17553	24646	70496	92346
	80182	46662	49420	21032	31032	95462	29379	28618	60379	87240
	44530	85870	07606	76299	65612	23594	28940	64327	34674	12644
	13869	49069	45952	88431	20573	38782	45150	18252	50247	54242
	30038	56122	13554	03554	22104	47212	21491	45984	44902	53207
41	90616	89917	71773	64981	85522	23626	55851	57164	69873	23091
	41820	68749	22163	40313	09859	23212	06345	07204	57710	53547
	59653	83841	82064	76753	22364	96886	17853	00664	99338	92784
	70559	89219	44858	66573	97933	08784	49282	97784	31554	96917
	12222	04150	30928	08237	16014	68122	98054	95004	94713	41249
46	00862	80639	03290	48441	74768	40968	33732	59771	63843	69580
	28361	92650	64922	29306	59084	73676	64468	49862	91288	13219
	61043	46009	56209	12845	47235	75884	75720	57387	60512	35296
	11048	25187	58211	89139	05366	10889	47076	54450	77124	78444
	98629	82125	41154	99335	77586	16905	34048	38516	40653	30500

Physik

Größen und Einheiten

Basiseinheiten des Internationalen Einheitensystems (SI)

Name	Zeichen	Definition
Meter	m	**Das Meter** ist die Länge der Strecke, die Licht im Vakuum während der Dauer von $1/299\,792\,458$ Sekunde durchläuft.
Kilogramm	kg	**Das Kilogramm** ist die Masse des internationalen Kilogrammprototyps.
Sekunde	s	**Die Sekunde** ist die Dauer von 9 192 631 770 Perioden der Strahlung, die dem Übergang zwischen den beiden Hyperfeinstrukturniveaus des Grundzustandes des Atoms Caesium 133 entspricht.
Ampere	A	**Das Ampere** ist die Stärke des zeitlich unveränderten elektrischen Stromes durch zwei geradlinige, parallele, unendlich lange Leiter von vernachlässigbarem Querschnitt, die den Abstand 1 m haben und zwischen denen die durch den Strom elektrodynamisch hervorgerufene Kraft im leeren Raum je 1 m Länge der Doppelleitung $2 \cdot 10^{-7}$ N beträgt.
Kelvin	K	**Das Kelvin** ist der 273,16te Teil der thermodynamischen Temperatur des Tripelpunktes von Wasser.
Mol	mol	**Das Mol** ist die Stoffmenge eines Systems, das aus ebenso vielen Einzelteilchen besteht, wie Atome in 0,012 kg des Kohlenstoffnuklids ^{12}C enthalten sind.
Candela	cd	**Die Candela** ist die Lichtstärke in einer bestimmten Richtung einer Strahlungsquelle, die monochromatische Strahlung der Frequenz $540 \cdot 10^{12}$ Hertz aussendet und deren Strahlstärke in dieser Richtung $1/683$ Watt durch Steradiant beträgt.

Beispiele für abgeleitete SI-Einheiten

Name	Zeichen	Basiseinheiten	Beziehungen	Größe
Newton	N	Meter, Kilogramm, Sekunde	$1\ \mathrm{N} = 1\ \frac{\mathrm{kg} \cdot \mathrm{m}}{\mathrm{s}^2}$	Kraft
Hertz	Hz	Sekunde	$1\ \mathrm{Hz} = 1\ \mathrm{s}^{-1}$	Frequenz
Joule je Kelvin	$\frac{\mathrm{J}}{\mathrm{K}}$	Meter, Kilogramm, Sekunde Kelvin	$1\ \frac{\mathrm{J}}{\mathrm{K}} = 1\ \frac{\mathrm{kg} \cdot \mathrm{m}^2}{\mathrm{s}^2 \cdot \mathrm{K}}$	Wärmekapazität
Farad	F	Meter, Kilogramm, Sekunde Ampere	$1\ \mathrm{F} = 1\ \frac{\mathrm{A}^2 \cdot \mathrm{s}^4}{\mathrm{kg} \cdot \mathrm{m}^2}$	Elektrische Kapazität

Beispiele für SI-fremde Einheiten

SI-fremde Einheiten lassen sich mithilfe von Zahlenfaktoren auf SI-Einheiten zurückführen.

Name	Zeichen	Beziehungen	Zugehörige Größe
Elektronenvolt	eV	$1\ \text{eV} = 1{,}602\,177 \cdot 10^{-19}\ \text{J}$	Energie
Seemeile	sm	$1\ \text{sm} = 1852\ \text{m}$	Länge
Knoten	kn	$1\ \text{kn} = 1\ \text{sm/h} = 1852\ \text{m/h}$	Geschwindigkeit
Minute	min	$1\ \text{min} = 60\ \text{s}$	Zeit
Torr	Torr	$1\ \text{Torr} = 133{,}3\ \text{Pa}$	Druck
Kalorie	cal	$1\ \text{cal} = 4{,}187\ \text{J}$	Energie

Größen und Einheiten von Winkeln sowie der Länge und ihrer Potenzen

Größe	Formelzeichen	Name der Einheit	Einheitenzeichen	Beziehungen zwischen den Einheiten
Ebener Winkel Drehwinkel	α, β, γ δ, φ	Radiant Grad Minute Sekunde	rad ° ′ ″	$1\ \text{rad} = \frac{1\ \text{m Bogen}}{1\ \text{m Radius}} = 57{,}3°$ $1° = \frac{\pi}{180}\ \text{rad} = 60'$ $1' = \frac{\pi}{10\,800}\ \text{rad} = 60''$ $1'' = \frac{\pi}{648\,000}\ \text{rad}$
Fläche, Flächeninhalt	A	Quadratmeter Ar Hektar	m² a ha	$1\ \text{m}^2 = 1\ \text{m} \cdot 1\ \text{m}$ $1\ \text{a} = 100\ \text{m}^2 = 10^2\ \text{m}^2$ $1\ \text{ha} = 10000\ \text{m}^2 = 10^4\ \text{m}^2$
Länge	l	**Meter** Astronomische Einheit Lichtjahr Parsec Seemeile Ångström	**m** AE Lj, ly pc sm Å	**Basiseinheit** $1\ \text{AE} = 1{,}496 \cdot 10^{11}\ \text{m}$ $1\ \text{Lj} = 9{,}461 \cdot 10^{15}\ \text{m}$ $1\ \text{pc} = 3{,}086 \cdot 10^{16}\ \text{m}$ $1\ \text{sm} = 1852\ \text{m}$ $1\ \text{Å} = 10^{-10}\ \text{m}$
Radius	r	Meter	m	
Raumwinkel	Ω, ω	Steradiant	sr	$1\ \text{sr} = \frac{1\ \text{m}^2}{1\ \text{m}^2}$
Volumen	V	Kubikmeter Liter Registertonne	m³ l RT	$1\ \text{m}^3 = 1\ \text{m} \cdot 1\ \text{m} \cdot 1\ \text{m}$ $1\ \text{l} = 0{,}001\ \text{m}^3 = 10^{-3}\ \text{m}^3 = 1\ \text{dm}^3$ $1\ \text{RT} = 2{,}83\ \text{m}^3$
Weg, Weglänge	s	Meter	m	
Wellenlänge	λ	Meter	m	

Größen und Einheiten des Raumes und der Zeit

Größe	Formelzeichen	Name der Einheit	Einheitenzeichen	Beziehungen zwischen den Einheiten
Beschleunigung	a	Meter je Quadratsekunde	$\frac{m}{s^2}$	
Drehzahl	n	je Sekunde	s^{-1}	$1\ s^{-1} = 60\ min^{-1}$
Fallbeschleunigung (Ortsfaktor)	g	Meter je Quadratsekunde	$\frac{m}{s^2}$	$1\ \frac{m}{s^2} = 1\ \frac{N}{kg}$
Frequenz	f, ν	Hertz	Hz	$1\ Hz = 1\ s^{-1}$
Geschwindigkeit	v	Meter je Sekunde Kilometer je Stunde	$\frac{m}{s}$ $\frac{km}{h}$	 $1\ \frac{km}{h} = \frac{1}{3{,}6}\ \frac{m}{s}$
Schwingungsdauer, Periodendauer	T	Sekunde	s	
Winkelgeschwindigkeit	ω	Radiant je Sekunde	$\frac{rad}{s}$	$1\ \frac{rad}{s} = \frac{1}{s}$
Zeit	$\boldsymbol{t}$	**Sekunde** Minute Stunde Tag Jahr	**s** min h d a	**Basiseinheit** 1 min = 60 s 1 h = 60 min = 3 600 s 1 d = 24 h = 1 440 min = 86 400 s 1 a = 365,242 d = 31 556 926 s

Größen und Einheiten der Mechanik

Größe	Formelzeichen	Name der Einheit	Einheitenzeichen	Beziehungen zwischen den Einheiten
Amplitude	y_{max}	Meter, Zentimeter	m, cm	
Arbeit	W	Joule Newtonmeter Wattsekunde Kilowattstunde	J N · m W · s kW · h	$1\ J = 1\ N \cdot m = 1\ \frac{kg \cdot m^2}{s^2}$ $1\ N \cdot m = 1\ J$ $1\ W \cdot s = 1\ J$ $1\ kW \cdot h = 3{,}6 \cdot 10^6\ W \cdot s$
Auslenkung, Elongation	y	Meter, Zentimeter	m, cm	
Dichte	ϱ	Kilogramm je Kubikmeter Gramm je Kubikzentimeter	$\frac{kg}{m^3}$ $\frac{g}{cm^3}$	$1\ \frac{kg}{m^3} = 0{,}001\ \frac{g}{cm^3}$ $1\ \frac{g}{cm^3} = 1\ \frac{kg}{dm^3} = 1\ \frac{t}{m^3}$

Größe	Formelzeichen	Name der Einheit	Einheitenzeichen	Beziehungen zwischen den Einheiten
Drehmoment	M	Newtonmeter	N · m	$1\ \text{N} \cdot \text{m} = 1\ \frac{\text{kg} \cdot \text{m}^2}{\text{s}^2}$
Druck	p	Pascal	Pa	$1\ \text{Pa} = 1\ \frac{\text{N}}{\text{m}^2} = 1\ \frac{\text{kg}}{\text{m} \cdot \text{s}^2}$
		Bar	bar	1 bar = 100000 Pa = 10^5 Pa
		Atmosphäre	at	1 at = 98,1 · 10^3 Pa
		Torr	Torr	1 Torr = 133,3 Pa
		Millimeter Quecksilbersäule	mmHg	1 mmHg = 1 Torr = 133,3 Pa
Energie	E, W	Joule	J	$1\ \text{J} = 1\ \text{N} \cdot \text{m} = 1\ \frac{\text{kg} \cdot \text{m}^2}{\text{s}^2}$
		Newtonmeter	N · m	1 N · m = 1 J
		Wattsekunde	W · s	1 W · s = 1 J
		Kilowattstunde	kW · h	1 kW · h = 3,6 · 10^6 W · s
Federkonstante	k, D	Newton je Meter	$\frac{\text{N}}{\text{m}}$	$1\ \frac{\text{N}}{\text{m}} = 1\ \frac{\text{kg}}{\text{s}^2}$
Impuls	p	Kilogrammmeter je Sekunde	$\frac{\text{kg} \cdot \text{m}}{\text{s}}$	$1\ \frac{\text{kg} \cdot \text{m}}{\text{s}} = 1\ \text{N} \cdot \text{s}$
Kraft	F	Newton	N	$1\ \text{N} = 1\ \frac{\text{kg} \cdot \text{m}}{\text{s}^2}$
Kraftstoß	I	Newtonsekunde	N · s	$1\ \text{N} \cdot \text{s} = 1\ \frac{\text{kg} \cdot \text{m}}{\text{s}}$
Leistung	P	Watt	W	$1\ \text{W} = 1\ \frac{\text{J}}{\text{s}} = 1\ \frac{\text{N} \cdot \text{m}}{\text{s}} = 1\ \frac{\text{kg} \cdot \text{m}^2}{\text{s}^3}$
		Joule je Sekunde	$\frac{\text{J}}{\text{s}}$	
		Newtonmeter je Sekunde	$\frac{\text{N} \cdot \text{m}}{\text{s}}$	
		Pferdestärke	PS	1 PS = 735,5 W
Masse	m	**Kilogramm**	**kg**	**Basiseinheit**
		Tonne	t	1 t = 10^3 kg
		Karat	Kt	1 Kt = 0,2 g
		Atomare Masseneinheit	u	1 u = 1,660 565 5 · 10^{-27} kg
Reibungszahl	μ	Eins	1	
Rollreibungszahl	μ_{RR}	Meter	m	
Wirkungsgrad	η	Eins	1	

Größen und Einheiten der Akustik

Größe	Formelzeichen	Name der Einheit	Einheitenzeichen	Beziehungen zwischen den Einheiten
Lautstärkepegel	L_N, L_S	Phon	phon	
Schalldruckpegel	L_P	Dezibel	dB	
Schallintensität	I	Watt je Quadratmeter	$\frac{W}{m^2}$	$1\,\frac{W}{m^2} = 1\,\frac{kg}{s^3}$

Größen und Einheiten der Wärmelehre

Größe	Formelzeichen	Name der Einheit	Einheitenzeichen	Beziehungen zwischen den Einheiten
Innere Energie	U	Joule	J	1 J = 1 W · s = 1 N · m
Spezifische Schmelzwärme	q_S	Kilojoule je Kilogramm	$\frac{kJ}{kg}$	
Spezifische Verdampfungswärme	q_V	Kilojoule je Kilogramm	$\frac{kJ}{kg}$	
Spezifische Wärmekapazität	c	Joule je Kilogramm und Kelvin	$\frac{J}{kg \cdot K}$	$1\,\frac{J}{kg \cdot K} = 1\,\frac{W \cdot s}{kg \cdot K}$
Temperatur	$\boldsymbol{T}$ ϑ, t	**Kelvin** Grad Celsius	**K** °C	**Basiseinheit** 0 °C = 273,15 K
Wärme	Q	Joule Kalorie	J cal	1 J = 1 W · s = 1 N · m 1 cal = 4,1868 J
Wärmekapazität	C	Joule je Kelvin	$\frac{J}{K}$	$1\,\frac{J}{K} = 1\,\frac{W \cdot s}{K}$
Wärmestrom	Φ	Watt	W	$1\,W = 1\,\frac{J}{s} = 1\,\frac{kg \cdot m^2}{s^3}$

Größen und Einheiten der Optik

Größe	Formelzeichen	Name der Einheit	Einheitenzeichen	Beziehungen zwischen den Einheiten
Brechkraft, Brechwert	D	Dioptrie	dpt	$1\,dpt = 1\,m^{-1}$
Brechzahl	n	Eins	1	
Brennweite Objektweite Bildweite	f g, a, s b, a', s'	Meter, Zentimeter Millimeter	m, cm, mm	1 m = 100 cm = 1 000 mm
Lichtstärke	$\boldsymbol{I}$	**Candela**	**cd**	**Basiseinheit**

Größen und Einheiten der Elektrizitätslehre und des Magnetismus

Größe	Formelzeichen	Name der Einheit	Einheitenzeichen	Beziehungen zwischen den Einheiten
Elektrische Arbeit Elektrische Energie	W E	Joule Wattsekunde Kilowattstunde	J W · s kW · h	$1\ \mathrm{J} = 1\ \mathrm{W \cdot s} = 1\ \mathrm{V \cdot A \cdot s}$ $1\ \mathrm{kW \cdot h} = 3{,}6\ \mathrm{MJ}$
Elektrische Feldstärke	E	Volt je Meter	$\frac{\mathrm{V}}{\mathrm{m}}$	$1\ \frac{\mathrm{V}}{\mathrm{m}} = 1\ \frac{\mathrm{N}}{\mathrm{C}} = 1\ \frac{\mathrm{kg \cdot m}}{\mathrm{s^3 \cdot A}}$
Elektrische Kapazität	C	Farad	F	$1\ \mathrm{F} = 1\ \frac{\mathrm{C}}{\mathrm{V}} = 1\ \frac{\mathrm{A \cdot s}}{\mathrm{V}}$
Elektrische Ladung	Q	Coulomb	C	$1\ \mathrm{C} = 1\ \mathrm{A \cdot s}$
Elektrische Leistung	P	Watt	W	$1\ \mathrm{W} = 1\ \mathrm{V \cdot A} = 1\ \frac{\mathrm{J}}{\mathrm{s}}$
Elektrische Spannung	U	Volt	V	$1\ \mathrm{V} = 1\ \frac{\mathrm{W}}{\mathrm{A}} = 1\ \frac{\mathrm{kg \cdot m^2}}{\mathrm{s^3 \cdot A}}$
Elektrische Stromstärke	I	**Ampere**	**A**	**Basiseinheit**
Elektrischer Widerstand	R	Ohm	Ω	$1\ \Omega = 1\ \frac{\mathrm{V}}{\mathrm{A}}$
Induktivität	L	Henry	H	$1\ \mathrm{H} = 1\ \frac{\mathrm{V \cdot s}}{\mathrm{A}}$
Magnetische Feldstärke	H	Ampere je Meter	$\frac{\mathrm{A}}{\mathrm{m}}$	
Magnetische Flussdichte	B	Tesla	T	$1\ \mathrm{T} = 1\ \frac{\mathrm{V \cdot s}}{\mathrm{m^2}}$
Spezifischer elektrischer Widerstand	ϱ	Ohm mal Quadratmillimeter je Meter Ohmmeter	$\frac{\Omega \cdot \mathrm{mm^2}}{\mathrm{m}}$ Ω · m	$1\ \frac{\Omega \cdot \mathrm{mm^2}}{\mathrm{m}} = 10^{-6}\ \Omega \cdot \mathrm{m}$

Größen und Einheiten der Kernphysik

Größe	Formelzeichen	Name der Einheit	Einheitenzeichen	Beziehungen zwischen den Einheiten
Aktivität	A	Becquerel	Bq	$1\ \mathrm{Bq} = 1\ \mathrm{s^{-1}}$
Äquivalentdosis	H	Sievert rem	Sv rem	$1\ \mathrm{Sv} = 1\ \frac{\mathrm{J}}{\mathrm{kg}}$ $1\ \mathrm{rem} = 10^{-2}\ \mathrm{Sv}$

Größe	Formelzeichen	Name der Einheit	Einheitenzeichen	Beziehungen zwischen den Einheiten
Energiedosis	D	Gray	Gy	$1\ \text{Gy} = 1\ \frac{\text{J}}{\text{kg}}$
Halbwertszeit	$T_{1/2}$	Sekunde	s	
Relative Atommasse	A_r	Eins	1	

Größen und Einheiten der physikalischen Chemie

Größe	Formelzeichen	Name der Einheit	Einheitenzeichen	Beziehungen zwischen den Einheiten
Molare Masse	M	Kilogramm je Mol	$\frac{\text{kg}}{\text{mol}}$	$1\ \frac{\text{kg}}{\text{mol}} = 1\ \text{kg} \cdot \text{mol}^{-1}$
Molares Volumen	V_M	Kubikmeter je Mol	$\frac{\text{m}^3}{\text{mol}}$	$1\ \frac{\text{m}^3}{\text{mol}} = 1\ \text{m}^3 \cdot \text{mol}^{-1}$
Stoffmenge (Objektmenge)	$\boldsymbol{n}$	**Mol**	**mol**	**Basiseinheit**

Vorsätze

Vorsatz	Kurzzeichen	Faktor, mit dem die Einheit multipliziert wird	
Yotta	Y	1 000 000 000 000 000 000 000 000	(10^{24})
Zetta	Z	1 000 000 000 000 000 000 000	(10^{21})
Exa	E	1 000 000 000 000 000 000	(10^{18})
Peta	P	1 000 000 000 000 000	(10^{15})
Tera	T	1 000 000 000 000	(10^{12})
Giga	G	1 000 000 000	(10^{9})
Mega	M	1 000 000	(10^{6})
Kilo	k	1 000	(10^{3})
Hekto	h	100	(10^{2})
Deka	da	10	(10^{1})
Dezi	d	0,1	(10^{-1})
Zenti	c	0,01	(10^{-2})
Milli	m	0,001	(10^{-3})
Mikro	µ	0,000 001	(10^{-6})
Nano	n	0,000 000 001	(10^{-9})
Pico	p	0,000 000 000 001	(10^{-12})
Femto	f	0,000 000 000 000 001	(10^{-15})
Atto	a	0,000 000 000 000 000 001	(10^{-18})
Zepto	z	0,000 000 000 000 000 000 001	(10^{-21})
Yocto	y	0,000 000 000 000 000 000 000 001	(10^{-24})

Umrechnungsfaktoren

Druck			
Einheit	Pa; $\frac{N}{m^2}$	bar	Torr
1 Pascal = 1 Newton je Quadratmeter	1	$\frac{1}{10^5}$	$\frac{7,5}{10^3}$
1 Bar	10^5	1	$7,5 \cdot 10^2$
1 Torr	133,3	$\frac{1,333}{10^3}$	1
Arbeit und Energie			
Einheit	J; N · m; W · s	kW · h	kcal
1 Joule = 1 Newtonmeter = 1 Wattsekunde	1	$\frac{0,2778}{10^6}$	$\frac{0,2388}{10^3}$
1 Kilowattstunde	$3,6 \cdot 10^6$	1	859,8
1 Kilokalorie	$4,1868 \cdot 10^3$	$\frac{1,163}{10^3}$	1
Leistung			
Einheit	W	$\frac{kcal}{h}$	PS
1 Watt	1	0,860	$\frac{1,360}{10^3}$
1 Kilokalorie je Stunde	1,163	1	$\frac{1,581}{10^3}$
1 Pferdestärke	735,5	632,4	1
Wärme			
Einheit	J; N · m; W · s	cal	kcal
1 Joule = 1 Newtonmeter = 1 Wattsekunde	1	0,2388	$\frac{0,2388}{10^3}$
1 Kalorie	4,187	1	$\frac{1}{10^3}$
1 Kilokalorie	$4,187 \cdot 10^3$	10^3	1

Wertetafeln

Dichten

Feste Stoffe (bei 25 °C)			
Stoff	Dichte ϱ in $\frac{g}{cm^3}$	Stoff	Dichte ϱ in $\frac{g}{cm^3}$
Aluminium	2,70	Holz (Kiefer)	0,3 … 0,7
Beton	2,3	Konstantan	8,8
Blei	11,34	Kork	0,2 … 0,35
Diamant	3,51	Kupfer	8,96
Eis (bei 0 °C)	0,917	Lehm	1,5 … 1,8
Eisen	7,86	Magnesium	1,74
Glas (Fensterglas)	2,4 … 2,6	Papier	0,7 … 1,2
Glas (Quarzglas)	2,20	Porzellan	2,2 … 2,4
Gold	19,3	Silber	10,50
Graphit	2,26	Stahl	7,8
Hartgummi	1,2 … 1,8	Zink	7,14
Holz (Eiche)	0,5 … 1,3	Zinn	7,28
Flüssigkeiten (bei 25 °C)			
Stoff	Dichte ϱ in $\frac{g}{cm^3}$	Stoff	Dichte ϱ in $\frac{g}{cm^3}$
Aceton	0,79	Petroleum	0,76
Benzin	0,68 … 0,72	Quecksilber	13,53
Dieselkraftstoff	0,84	Spiritus	0,83
Erdöl	0,7 … 0,9	Wasser (destilliert)	0,997
Glycerin	1,26	Wasser (Meerwasser)	≈ 1,02
Gase (bei 101,3 kPa und 0 °C)			
Stoff	Dichte ϱ in $\frac{kg}{m^3}$	Stoff	Dichte ϱ in $\frac{kg}{m^3}$
Ammoniak	0,77	Luft	1,29
Chlor	3,214	Propan	2,01
Erdgas	0,73 … 0,83	Sauerstoff	1,429
Helium	0,179	Stickstoff	1,251
Kohlenstoffdioxid	1,977	Wasserstoff	0,0899

Legierungen

Legierung	Zusammensetzung	Dichte ϱ in $\frac{g}{cm^3}$	Spezifischer elektrischer Widerstand in $10^{-6}\ \frac{\Omega \cdot mm^2}{m}$
Chromnickel	80 % Ni; 20 % Cr	8,41	1,1
Konstantan	54 % Cu; 45 % Ni; 1 % Mn	8,8	0,5
Nickelin	54 % Cu; 26 % Ni; 20 % Zn	8,9	0,43
Messing	30 % Zn; 70 % Cu	8,52	0,07

Tonfrequenzen (C-Dur, temperierte Stimmung)

Ton	Frequenz in Hz	Ton	Frequenz in Hz
c′	261,63	g′	392,00
d′	293,67	a′	440,00
e′	329,63	h′	493,88
f′	349,23	c″	523,25

Schallgeschwindigkeiten (Richtwerte für 20 °C und 101,3 kPa)

Feste Stoffe	v in $\frac{m}{s}$	Flüssigkeiten und Gase	v in $\frac{m}{s}$
Aluminium	5 100	Benzin	1 160
Beton	3 800	Wasser bei 4 °C	1 400
Blei	1 300	Wasser bei 20 °C	1 484
Eis bei – 4 °C	3 230	Kohlenstoffdioxid	260
Glas	4 000 … 5 000	Luft bei 0 °C	331
Gummi	40	Luft bei 10 °C	337
Kupfer	3 900	Luft bei 20 °C	343
Stahl	5 100	Wasserstoff	1 280

Lichtgeschwindigkeiten in Stoffen und im Vakuum

Stoff	c in $10^8\ \frac{m}{s}$	Stoff	c in $10^8\ \frac{m}{s}$
Diamant	1,22	Kohlenstoffdisulfid	1,84
Flintglas	1,86	Wasser	2,24
Kronglas	1,97	Luft	2,997 11
Polystyrol	1,89	Vakuum	2,997 924 58

Reibungszahlen (Richtwerte)

Werkstoffe	Haftreibungszahl μ_{HR}	Gleitreibungszahl μ_{GR}
Stahl auf Stahl	0,15	0,03 … 0,09
Stahl auf Gusseisen	0,18	0,16
Stahl auf Eis	0,03	0,01
Gummireifen auf Asphalt, trocken	< 0,9	< 0,3
Gummireifen auf Asphalt, nass	< 0,5	< 0,15
Gummireifen auf Beton, trocken	< 1,0	< 0,5
Gummireifen auf Beton, nass	< 0,6	< 0,3
Holz auf Holz	0,5 … 0,65	0,2 … 0,4
Metall auf Holz	0,5 … 0,6	0,2 … 0,5
Leder auf Metall (Dichtungen)	0,6	0,25

Werkstoffe	Rollreibungszahl μ_{RR} in cm	Werkstoffe	Rollreibungszahl μ_{RR} in cm
Gummireifen auf Asphalt	0,002	Eisenreifen auf Asphalt	0,01
Gummireifen auf Pflaster	0,05	Stahlreifen auf Schienen	0,006

Widerstandsbeiwerte c_w einiger Körper (Kreisscheibe: $c_w = 1$)

Körper	c_w
Hohlhalbkugel (Strömung zur Höhlung)	1,4
Hohlhalbkugel (Strömung zur Wölbung)	0,3 … 0,4
Kugel	0,45
Stromlinienkörper (Strömung zur Spitze)	0,2
Stromlinienkörper (Strömung zur Wölbung)	< 0,1

Druckabhängigkeit der Siedetemperatur des Wassers

Druck in kPa	Siedetemperatur in °C	Druck in kPa	Siedetemperatur in °C	Druck in kPa	Siedetemperatur in °C	Druck in kPa	Siedetemperatur in °C
50	81,34	91	97,01	100	99,63	200	120,2
55	83,78	92	97,32	101	99,91	300	133,5
60	85,95	93	97,62	101,325	100,00	400	143,6
65	86,88	94	97,91	102	100,18	500	151,8
70	89,96	95	98,20	103	100,46	600	158,8
75	91,78	96	98,49	104	100,73	700	164,9
80	93,51	97	98,78	105	101,00	800	170,4
85	95,15	98	99,07	106	101,27	900	175,4
90	96,71	99	99,35	107	101,53	1 000	180,0

Eigenschaften von festen Stoffen

Stoff	Linearer Ausdehnungskoeffizient α in $\frac{1}{K}$	Schmelztemperatur ϑ_S in °C (bei 101,3 kPa)	Siedetemperatur ϑ_V in °C (bei 101,3 kPa)	Spezifische Wärmekapazität c in $\frac{kJ}{kg \cdot K}$	Spezifische Schmelzwärme q_S in $\frac{kJ}{kg}$
Aluminium	0,000 023	660	2 450	0,90	397
Beton	0,000 012			0,92	
Bismut	0,000 014	271	1 560	0,12	52,2
Blei	0,000 029	327	1 740	0,13	26
Diamant	0,000 001	ab 3 550	4 830	0,50	
Fensterglas	0,000 010			0,17	
Gold	0,000 014	1 063	2 970	0,13	65
Graphit	0,000 002	3 730	4 830	0,71	
Holz (Eiche)	0,000 008			2,39	
Konstantan	0,000 015			0,41	
Kupfer	0,000 016	1 083	2 600	0,39	205
Magnesium	0,000 026	650	1 110	1,02	382
Mauerwerk	0,000 005			0,86	
Platin	0,000 009	1 770	3 825	0,13	113
Porzellan	0,000 004			≈ 0,84	
Quarzglas	< 0,000 001	1 700		0,73	
Silber	0,000 020	961	2 212	0,23	104
Stahl	0,000 013	≈ 1 500		≈ 0,47	
Wolfram	0,000 004	3 350	5 700	0,13	192
Zink	0,000 036	419	906	0,39	111
Zinn	0,000 027	232	2 350	0,23	59

Eigenschaften von Flüssigkeiten

Stoff	Kubischer Ausdehnungskoeffizient γ in $\frac{1}{K}$	Schmelztemperatur ϑ_S in °C (bei 101,3 kPa)	Siedetemperatur ϑ_V in °C (bei 101,3 kPa)	Spezifische Wärmekapazität c in $\frac{kJ}{kg \cdot K}$	Spezifische Schmelzwärme q_S in $\frac{kJ}{kg}$	Spezifische Verdampfungswärme q_V in $\frac{kJ}{kg}$ (bei 101,3 kPa)
Benzol	0,0011	5,49	80,1	1,70	127	394
Diethylether	0,0016	–116,3	34,5	2,35	98	384
Ethanol	0,0011	–114,2	78,4	2,42	108	842
Glycerin	0,0005	18	290	2,39	188	853
Methanol	0,0011	–97,7	64,7	2,49	69	1102
Petroleum	0,0009			2,00		
Quecksilber	0,0011	–39	357	0,14	11	285
Trichlormethan	0,00128	–63,5	61,2	0,95	75	245
Wasser	0,00018	0	100	4,19	334	2260

Eigenschaften von Gasen

Stoff	Schmelztemperatur ϑ_S in °C (bei 101,3 kPa) (* bei 2,6 MPa)	Siedetemperatur ϑ_V in °C (bei 101,3 kPa)	Spezifische Wärmekapazität c_V bei konstantem Volumen in $\frac{kJ}{kg \cdot K}$	Spezifische Wärmekapazität c_p bei konstantem Druck in $\frac{kJ}{kg \cdot K}$	Spezifische Verdampfungswärme q_V in $\frac{kJ}{kg}$
Ammoniak	–78	–33	1,56	2,05	1370
Helium	–270*	–269	3,22	5,23	25
Kohlenstoffdioxid	–57	–79	0,65	0,85	574
Luft	–213	–193	0,72	1,01	190
Sauerstoff	–219	–183	0,65	0,92	213
Stickstoff	–210	–195,8	0,75	1,04	198
Wasserstoff	–259,3	–252,8	10,13	14,28	455

Heizwerte

Feste Brennstoffe	H in $\frac{MJ}{kg}$	Flüssige Brennstoffe	H in $\frac{MJ}{l}$	H in $\frac{MJ}{kg}$	Gasförmige Brennstoffe	H' in $\frac{MJ}{m^3}$
Anthrazit	32	Benzol	35	40	Butan	134
Rohbraunkohle	8 … 12	Flugbenzin	45	59	Erdgas	19 … 54
Brikett	20	Erdöl	36 … 41	42 … 48	Kokereigas	20
Holz, trocken	15	Dieselkraftstoff	35 … 38	41 … 44	Methan	36
Magerkohle	33	Heizöl	42	43	Propan	102
Steinkohle	30	Methanol	16	20	Schwefelwasserstoff	24
Steinkohlenteer	36	Petroleum	41	50	Stadtgas	18
Torf, trocken	15	Spiritus	32	39	Steinkohlengas	23
Zechenkoks	28 … 30	Vergaserkraftstoff	32 … 38	44 … 53	Wasserstoff	11

Zusammensetzung der Lufthülle der Erde (bis zu etwa 60 km Höhe)

Stoff	Masseanteil in %	Vol.-anteil in %	Stoff	Masseanteil in %	Vol.-anteil in %
Sauerstoff	23,01	20,93	Wasserstoff	0,000 004	0,000 05
Stickstoff	75,51	78,10	Neon	0,001 2	0,001 8
Argon	1,286	0,932 5	Helium	0,000 07	0,000 5
Kohlenstoffdioxid	0,04	0,03	Krypton	0,000 3	0,000 1
			Xenon	0,000 04	0,000 009

Spezifische elektrische Widerstände (bei 20 °C)

Metalle	ϱ in $\frac{\Omega \cdot mm^2}{m}$	Kohle und Widerstandslegierungen	ϱ in $\frac{\Omega \cdot mm^2}{m}$	Isolierstoffe	ϱ in $\frac{\Omega \cdot cm^2}{cm}$
Aluminium	0,028	Bogenlampenkohle	60 … 80	Bernstein	bis 10^{18}
Blei	0,21	Bürstenkohle	40 … 100	Glimmer	10^{15} … 10^{17}
Eisen	0,10	Chromnickel	1,1	Holz, trocken	10^{11} … 10^{15}
Gold	0,022	Eisen, legiert	0,35 … 0,5	Quarzglas	10^{13} … 10^{15}
Kupfer	0,017 2	Konstantan	0,50	Polyethylen	10^{12} … 10^{15}
Quecksilber	0,96	Leitungskupfer	0,0178	Polyvinylbenzol	bis 10^{18}
Silber	0,016	Manganin	0,43	Polyvinylchlorid	10^{14} … 10^{15}
Wolfram	0,055	Nickelin	0,43	Porzellan	bis 10^{15}
Zinn	0,11	Stahlguss	0,18	Transformatorenöl	10^{12} … 10^{15}

Elektromagnetisches Spektrum

Bezeichnung	Frequenz *f* in Hz	Wellenlänge λ
Wechselstrom	10 … 10^2	30 000 km … 3 000 km
Tonfrequenter Wechselstrom (Telefon)	10^2 … 10^4	3 000 km … 30 km
Hertz'sche Wellen	10^4 … 10^{13}	30 km … 0,03 mm
Langwellen	$1{,}5 \cdot 10^5$ … $3 \cdot 10^5$	2 000 m … 1 000 m
Mittelwellen	$0{,}5 \cdot 10^6$ … $2 \cdot 10^6$	600 m … 150 m
Kurzwellen	$0{,}6 \cdot 10^7$ … $2 \cdot 10^7$	50 m … 15 m
Ultrakurzwellen	10^8 … $3 \cdot 10^8$	30 m … 1 m
Mikrowellen	$3 \cdot 10^8$ … 10^{13}	1 m … 0,03 mm
Lichtwellen	10^{12} … $5 \cdot 10^{16}$	0,3 mm … 5 nm
infrarotes Licht	10^{12} … $3{,}9 \cdot 10^{14}$	0,3 mm … 770 nm
sichtbares Licht	$3{,}9 \cdot 10^{14}$ … $7{,}7 \cdot 10^{14}$	770 nm … 390 nm
– Rot	$3{,}9 \cdot 10^{14}$ … $4{,}7 \cdot 10^{14}$	770 nm … 640 nm
– Orange	$4{,}7 \cdot 10^{14}$ … $5 \cdot 10^{14}$	640 nm … 600 nm
– Gelb	$5 \cdot 10^{14}$ … $5{,}3 \cdot 10^{14}$	600 nm … 570 nm
– Grün	$5{,}3 \cdot 10^{14}$ … $6{,}1 \cdot 10^{14}$	570 nm … 490 nm
– Blau	$6{,}1 \cdot 10^{14}$ … $6{,}5 \cdot 10^{14}$	490 nm … 430 nm
– Violett	$7 \cdot 10^{14}$ … $7{,}7 \cdot 10^{14}$	430 nm … 390 nm
ultraviolettes Licht	$7{,}7 \cdot 10^{14}$ … $5 \cdot 10^{16}$	390 nm … 5 nm
Röntgenstrahlung	$3 \cdot 10^{16}$ … $3 \cdot 10^{21}$	10 nm … 0,1 pm
Gammastrahlung	10^{18} … 10^{23}	300 pm … 0,003 pm
Kosmische Strahlung	10^{21} … 10^{24}	0,3 pm … 0,000 3 pm

Brechzahlen
für den Übergang des Lichtes aus dem Vakuum in den betreffenden Stoff
für die gelbe Natriumlinie (λ = 589,3 nm)

Stoff	Brechzahl n	Stoff	Brechzahl n
Diamant	2,417	Kronglas, leicht	1,515
Eis	1,31	Kronglas, schwer	1,615
Flintglas, leicht	1,608	Plexiglas	1,49
Flintglas, schwer	1,754	Quarzglas	1,459
Glycerin	1,469	Steinsalz	1,544
Kohlenstoffdisulfid	1,629	Luft	1,0003
Kohlenstoffdioxid	1,00045	Wasser	1,333

α-, β- und γ-Strahlung

Name	Art	Symbol	Elektrische Ladung	Massenzahl
α	Heliumkern	${}^{4}_{2}He$	zweifach positiv	4
β^-	Elektron	${}^{0}_{-1}e$	negativ	0
β^+	Positron	${}^{0}_{+1}e$	positiv	0
γ	elektromagnetische Strahlung	${}^{0}_{0}\gamma$	ungeladen	0

Kernstrahlung einiger Radionuklide

Radionuklid	Art der Strahlung	Energie in MeV	Radionuklid	Art der Strahlung	Energie in MeV
Natrium-22	β^+ γ	0,545 1,275	Caesium-137	β^- γ	0,514 0,662
Cobalt-60	β^- γ	0,314 1,173; 1,332	Blei-210 (Ra-D)	α β^- γ	3,72 0,061; 0,067 0,047

Bei der β-Strahlung sind die maximalen Energiewerte angegeben.

Halbwertszeiten

Element	Radionuklid	Halbwertszeit $T_{1/2}$	Element	Radionuklid	Halbwertszeit $T_{1/2}$
Kohlenstoff	C-14	5760 Jahre	Gold	Au-194	39,5 Stunden
Natrium	Na-22	2,6 Jahre	Iridium	Ir-192	73,8 Tage
Phosphor	P-29	4,1 Sekunden		Ir-195	2,5 Stunden
	P-32	14,5 Tage	Blei	Pb-210	22,5 Jahre
Cobalt	Co-60	5,3 Jahre	Radium	Ra-226	1600 Jahre
Zink	Zn-65	244 Tage	Uran	U-235	700 Millionen Jahre
Krypton	Kr-85	10,7 Jahre		U-238	4,5 Milliarden Jahre
Jod	I-131	8,04 Jahre	Plutonium	Pu-236	2,9 Jahre
Caesium	Cs-137	30,3 Jahre		Pu-239	24110 Jahre

Physikalische Formeln

Statik

Größen		
Druck p	Gewichtskraft F_G	Drehmoment (Kraftmoment) M
$p = \frac{F}{A}$ F Kraft A Fläche	$F_G = m \cdot g$ m Masse g Fallbeschleunigung	Unter der Bedingung $\vec{r} \perp \vec{F}$ gilt: $M = F \cdot r$ F Kraft r Hebelarm

Zusammensetzung von zwei Kräften $\vec{F_1}$ und $\vec{F_2}$			
$\vec{F_1}$ und $\vec{F_2}$ sind gleich gerichtet.	$\vec{F_1}$ und $\vec{F_2}$ sind entgegengesetzt gerichtet.	$\vec{F_1}$ und $\vec{F_2}$ stehen senkrecht aufeinander.	$\vec{F_1}$ und $\vec{F_2}$ bilden einen beliebigen Winkel α miteinander.
$F_R = F_1 + F_2$	$F_R = F_1 - F_2$	$F_R = \sqrt{F_1^2 + F_2^2}$	$F_R = \sqrt{F_1^2 + F_2^2 + 2F_1 \cdot F_2 \cdot \cos\alpha}$
F_R Betrag der resultierenden Kraft			
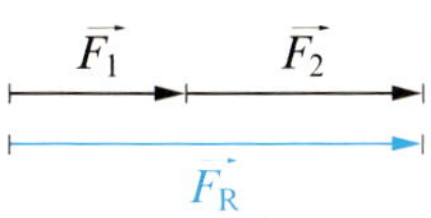	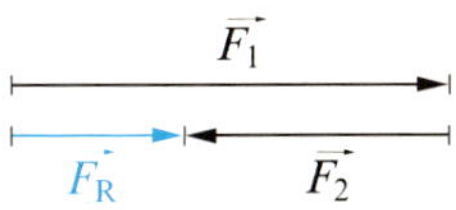	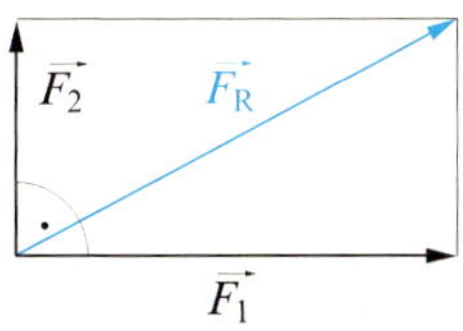	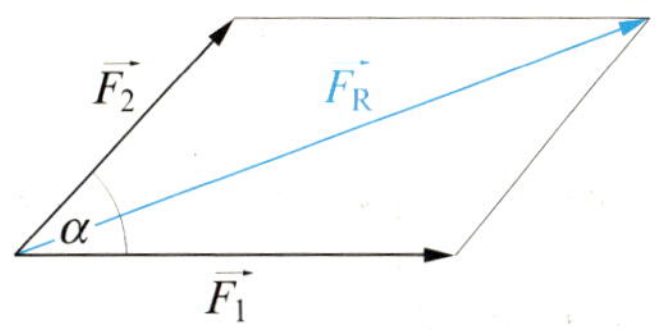

Kraftumformende Einrichtungen	
Hebel 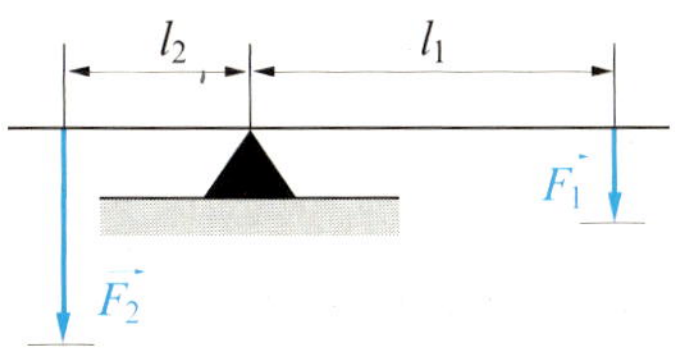 $\frac{F_1}{F_2} = \frac{l_2}{l_1}$ F_1, F_2 Kräfte l_1, l_2 Länge der Kraftarme	Geneigte Ebene 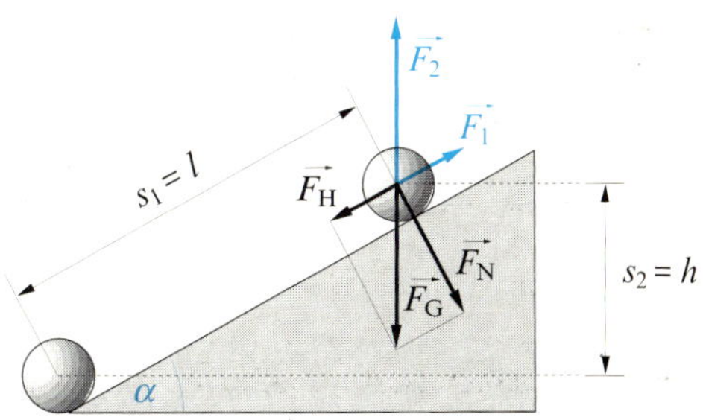 $\frac{F_H}{F_G} = \frac{h}{l}$ $F_H = F_G \cdot \sin\alpha$ $F_N = F_G \cdot \cos\alpha$ F_H Hangabtriebskraft F_G Gewichtskraft F_N Normalkraft

Kraftumformende Einrichtungen

Feste Rolle

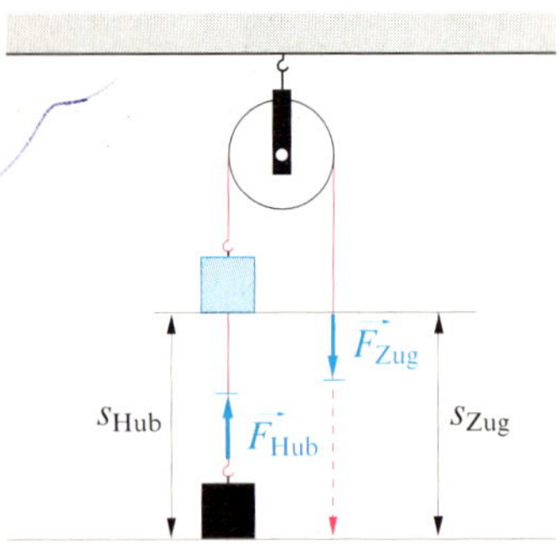

$F_{Zug} = F_{Hub}$

$s_{Zug} = s_{Hub}$

Lose Rolle

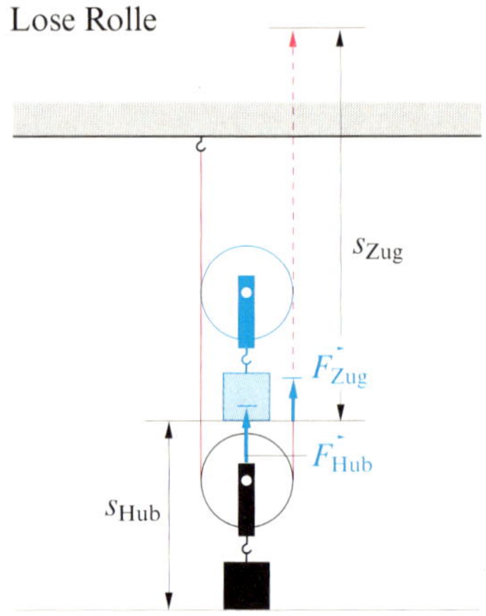

$F_{Zug} = \frac{F_{Hub}}{2}$

$s_{Zug} = 2\, s_{Hub}$

Flaschenzug

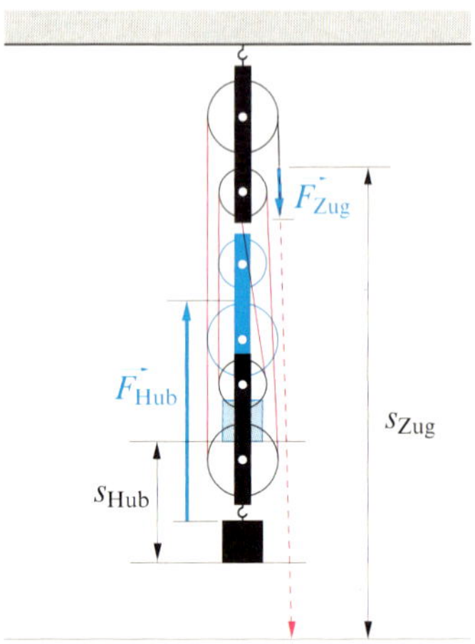

$F_{Zug} = \frac{F_{Hub}}{n}$

$s_{Zug} = n \cdot s_{Hub}$

n Anzahl der tragenden Seilstücke

Goldene Regel der Mechanik	Für kraftumformende Einrichtungen gilt: $F_1 \cdot s_1 = F_2 \cdot s_2$

Kinematik

Zusammensetzung von zwei Geschwindigkeiten $\vec{v}_1$ und $\vec{v}_2$			
$\vec{v}_1$ und $\vec{v}_2$ sind gleich gerichtet.	$\vec{v}_1$ und $\vec{v}_2$ sind entgegengesetzt gerichtet.	$\vec{v}_1$ und $\vec{v}_2$ stehen senkrecht aufeinander.	$\vec{v}_1$ und $\vec{v}_2$ bilden einen beliebigen Winkel α miteinander.
$v_R = v_1 + v_2$	$v_R = v_1 - v_2$	$v_R = \sqrt{v_1^2 + v_2^2}$	$v_R = \sqrt{v_1^2 + v_2^2 + 2\,v_1 \cdot v_2 \cdot \cos\alpha}$
v_R Betrag der resultierenden Geschwindigkeit			

Bewegungsgesetze der Translation		
Gleichförmige geradlinige Bewegung	$s = v \cdot t + s_0;\; v = \frac{\Delta s}{\Delta t};\; a = 0$	s Weg v Geschwindigkeit t Zeit s_0 Anfangsweg bei $t = 0$ a Beschleunigung g Fallbeschleunigung v_0 Anfangsgeschwindigkeit bei $t = 0$
Gleichmäßig beschleunigte geradlinige Bewegung	$s = \frac{a}{2} \cdot t^2 + v_0 \cdot t + s_0$ $v = a \cdot t + v_0;\; a = \frac{\Delta v}{\Delta t} = \text{konst.}$ Unter der Bedingung $s_0 = 0$ und $v_0 = 0$ gilt: $s = \frac{a}{2} \cdot t^2;\; v = a \cdot t;\; v = \sqrt{2a \cdot s};\; a = \frac{v}{t}$ Für den freien Fall gilt: $s = \frac{g}{2} \cdot t^2;\; v = g \cdot t;\; v = \sqrt{2g \cdot s}$	

Gleichförmige Kreisbewegung	$v = \frac{s}{t} = \text{konst.}$ $v = \frac{2\pi \cdot r}{T} = 2\pi \cdot r \cdot n = \omega \cdot r$ $a_r = \frac{v^2}{r} = \omega^2 \cdot r$	s t v r T n ω a_r	Weg auf der Kreisbahn Zeit Geschwindigkeit Kreisradius Umlaufzeit Drehzahl Winkelgeschwindigkeit Radialbeschleunigung

Wurfbewegungen

Wurfart	Gesetze und Gleichungen		
Senkrechter Wurf		*Wurfrichtung nach oben*	*Wurfrichtung nach unten*
	Ort-Zeit-Gesetz	$y = v_0 \cdot t - \frac{g}{2} \cdot t^2$	$y = -v_0 \cdot t - \frac{g}{2} \cdot t^2$
	Geschwindigkeit-Zeit-Gesetz	$v = v_0 - g \cdot t$	$v = -v_0 - g \cdot t$
	Steigzeit t_h	$t_h = \frac{v_0}{g}$	
	Steighöhe s_h	$s_h = \frac{v_0^2}{2g}$ 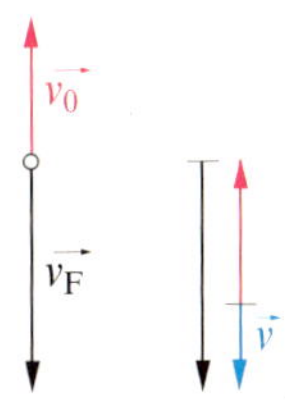	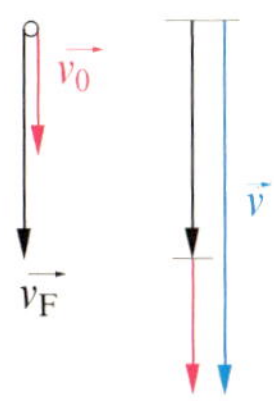
		v_F Geschwindigkeit des freien Falls	$v_F = g \cdot t$
Waagerechter Wurf	Ort-Zeit-Gesetz	$x = v_0 \cdot t; \quad y = -\frac{g}{2} \cdot t^2$	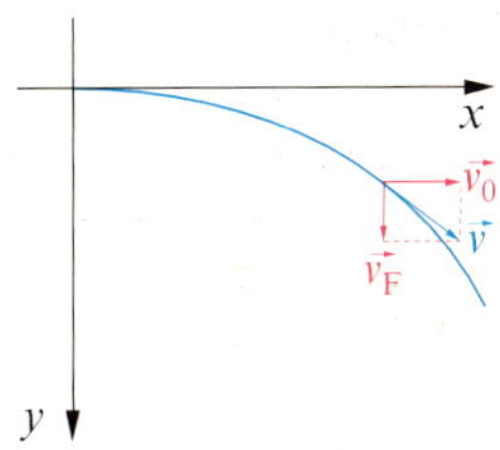
	Geschwindigkeit-Zeit-Gesetz	$v = \sqrt{v_0^2 + g^2 \cdot t^2}$	
	Wurfparabel	$y = -\frac{g}{2v_0^2} \cdot x^2$	v_F Geschwindigkeit des freien Falls
Schräger Wurf	Ort-Zeit-Gesetz	$x = v_0 \cdot t \cdot \cos\alpha; \quad y = -\frac{g}{2} \cdot t^2 + v_0 \cdot t \cdot \sin\alpha$	
	Geschwindigkeit-Zeit-Gesetz	$v = \sqrt{v_0^2 + g^2 \cdot t^2 - 2v_0 \cdot g \cdot t \cdot \sin\alpha}$	
	Wurfparabel	$y = -\frac{g}{2} \cdot \frac{x^2}{v_0^2 \cdot \cos^2\alpha} + x \cdot \tan\alpha$	
	Wurfweite s_w	$s_w = \frac{v_0^2 \cdot \sin 2\alpha}{g}$	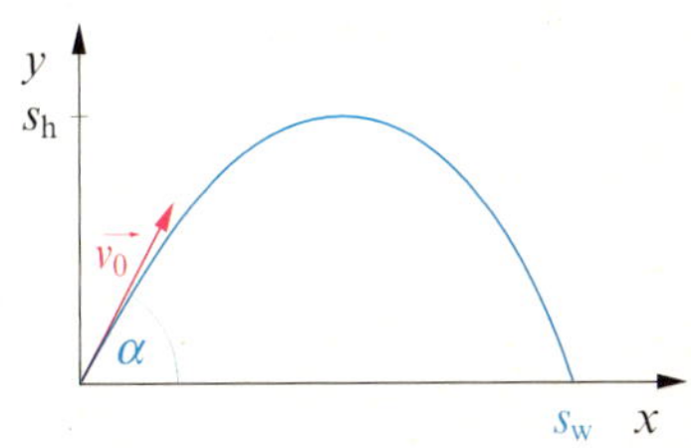
	Wurfhöhe s_h	$s_h = \frac{v_0^2 \cdot \sin^2\alpha}{2g}$	
	Steigzeit t_h	$t_h = \frac{v_0 \cdot \sin\alpha}{g}$	v_0 Anfangsgeschwindigkeit

Dynamik

Grundgesetze der Dynamik		
Kraft Drehmoment	$\vec{F} = m \cdot \vec{a}$ $M = F \cdot r$ (Bedingung: $\vec{r} \perp \vec{F}$)	F Kraft m Masse a Beschleunigung M Drehmoment
Kreisbewegung eines Massepunktes (für v = konst.)		
Radialbeschleunigung	$a_r = \frac{v^2}{r}$	a_r Radialbeschleunigung v Geschwindigkeit r Radius

Kräfte in der Mechanik

Gewichtskraft F_G	$F_G = m \cdot g$	m Masse g Fallbeschleunigung 9,81 m/s²
Reibungskraft F_R Gleitreibungskraft F_{GR} Haftreibungskraft F_{HR} Rollreibungskraft F_{RR}	 $F_{GR} = \mu_{GR} \cdot F_N$ $F_{HR} = \mu_{HR} \cdot F_N$ $F_{RR} = \mu_{RR} \cdot \frac{F_N}{r}$	F_N Normalkraft μ_{GR} Gleitreibungszahl μ_{HR} Haftreibungszahl μ_{RR} Rollreibungszahl r Radius des rollenden Körpers
Radialkraft F_r	$F_r = \frac{m \cdot v^2}{r} = m \cdot a_r$ $F_r = \frac{4\pi^2 \cdot m \cdot r}{T^2} = m \cdot \omega^2 \cdot r$	m Masse v Geschwindigkeit r Radius a_r Radialbeschleunigung T Umlaufzeit ω Winkelgeschwindigkeit
Federspannkraft F_S (Hooke'sches Gesetz)	$F_S = D \cdot s$	D Federkonstante s Verlängerung
Auftriebskraft F_A	$F_A = \varrho \cdot V \cdot g$	ϱ Dichte der Flüssigkeit/des Gases V Volumen g Fallbeschleunigung

Mechanische Arbeit

Mechanische Arbeit W	$W = F \cdot s$ $W = F \cdot s \cdot \cos \alpha$	wenn F = konst.; $\sphericalangle(\vec{F}, \vec{s}) = 0$ wenn F = konst.; $\sphericalangle(\vec{F}, \vec{s}) = \alpha$	F Kraft s Weg F_G Gewichtskraft m Masse g Fallbeschleunigung h Höhe F_R Reibungskraft F_N Normalkraft μ_{GR} Gleitreibungszahl μ_{RR} Rollreibungszahl
Hubarbeit W_{Hub}	$W_{Hub} = F_G \cdot s$;	$W_{Hub} = m \cdot g \cdot h$	
Reibungsarbeit W_R	$W_R = F_R \cdot s$;	$W_{GR} = \mu_{GR} \cdot F_N \cdot s$ $W_{RR} = \frac{\mu_{RR}}{r} \cdot F_N \cdot s$	

Beschleunigungsarbeit W_B	$W_B = F_B \cdot s$; $W_B = m \cdot a \cdot s$ (Bedingung: Die Kraft wirkt längs des Weges.)	F_B beschleunigende Kraft a Beschleunigung F_E Endkraft D Federkonstante
Federspannarbeit W_F	$W_F = \frac{1}{2} F_E \cdot s$; $W_F = \frac{1}{2} D \cdot s^2$ (Bedingung: Es gilt das Hooke'sche Gesetz.)	

Mechanische Energie

Potenzielle Energie E_{pot}		Kinetische Energie E_{kin}
im erdnahen Gravitationsfeld	einer gespannten Feder	Translation
$E_{pot} = F_G \cdot h$ $E_{pot} = m \cdot g \cdot h$	$E_{pot} = \frac{1}{2} F_E \cdot s$ $E_{pot} = \frac{1}{2} D \cdot s^2$	$E_{kin} = \frac{1}{2} m \cdot v^2$

Gesetz von der Erhaltung der mechanischen Energie	
In einem abgeschlossenen reibungsfreien mechanischen System gilt: $E_{ges} = E_{pot} + E_{kin} = \text{konst.}$; $E_{pot,a} + E_{kin,a} = E_{pot,e} + E_{kin,e}$	$E_{pot,a}$; $E_{kin,a}$ potenzielle bzw. kinetische Energie am Anfang der Energieumwandlung $E_{pot,e}$; $E_{kin,e}$ potenzielle bzw. kinetische Energie am Ende der Energieumwandlung
Zusammenhang Arbeit – Energie	$W = \Delta(E_{pot} + E_{kin})$; $W = E_{mech,e} - E_{mech,a}$

Mechanische Leistung, Wirkungsgrad

Mechanische Leistung P	$P = \frac{W}{t}$ $P = \frac{F \cdot s}{t} = F \cdot v$ (v und F konst.)	W verrichtete Arbeit t Zeit F Kraft längs des Weges s Weg v Geschwindigkeit
Wirkungsgrad η	$\eta = \frac{E_{ab}}{E_{zu}}$; $\eta = \frac{W_{ab}}{W_{zu}}$; $\eta = \frac{P_{ab}}{P_{zu}}$	E_{ab}, W_{ab}, P_{ab} abgegebene, nutzbare Energie, Arbeit, Leistung E_{zu}, W_{zu}, P_{zu} zugeführte, aufgewandte Energie, Arbeit, Leistung

Mechanische Schwingungen und Wellen

Periodendauer T Schwingungsdauer T	$T = \frac{t}{n}$; $T = \frac{1}{f}$	n Anzahl der Schwingungen t Zeit
Frequenz f	$f = \frac{n}{t}$; $f = \frac{1}{T}$	

Kreisfrequenz ω	$\omega = 2\pi \cdot f; \quad \omega = \frac{2\pi}{T}$	f Frequenz T Periodendauer, Schwingungsdauer
Schwingungsdauer T eines Pendelschwingers	Für kleinen Ausschlag gilt: $T = 2\pi \sqrt{\frac{l}{g}}$	l Pendellänge g Fallbeschleunigung $g = 9{,}806\,65\ \mathrm{m/s^2}$
Schwingungsdauer T eines Federschwingers	$T = 2\pi \sqrt{\frac{m}{D}}$	m Masse des Körpers D Federkonstante
Ausbreitungsgeschwindigkeit c	$c = \lambda \cdot f$	λ Wellenlänge f Frequenz y Auslenkung y_{max} Amplitude t Zeit x Ort T Periodendauer, Schwingungsdauer ϱ Dichte ω Kreisfrequenz
Wellengleichung	$y = y_{max} \cdot \sin 2\pi \left(\frac{t}{T} - \frac{x}{\lambda}\right)$	
Energiedichte w einer mechanischen Welle	$w = \frac{1}{2} \cdot \varrho \cdot \omega^2 \cdot {y_{max}}^2$	

Mechanik der Flüssigkeiten und Gase

Druck	Dichte	Schweredruck	Barometrische Höhenformel
$p = \frac{F}{A}$ F Kraft, die senkrecht auf die Fläche A wirkt	$\varrho = \frac{m}{V}$ m Masse V Volumen	$p = \varrho \cdot g \cdot h$ ϱ Dichte g Fallbeschleunigung h Tiefe	$p = p_0 \cdot e^{-\varrho_0 \cdot g \cdot \frac{h}{p_0}}$ ϱ_0 Dichte der Luft bei 0 °C und 101,3 kPa p_0 Luftdruck in 0 m Höhe

Hydraulische Anlagen

$$\frac{F_P}{F_A} = \frac{A_P}{A_A}$$

Bedingung:
Vernachlässigung der Reibung

F_P Kraft am Pumpenkolben
A_P Fläche des Pumpenkolbens
F_A Kraft am Arbeitskolben
A_A Fläche des Arbeitskolbens

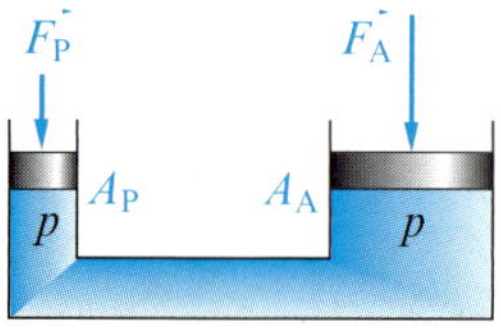

Stationäre Strömung

$$\frac{A_1}{A_2} = \frac{v_2}{v_1}$$

A_1, A_2 Querschnittsflächen
v_1, v_2 Geschwindigkeiten der Strömung

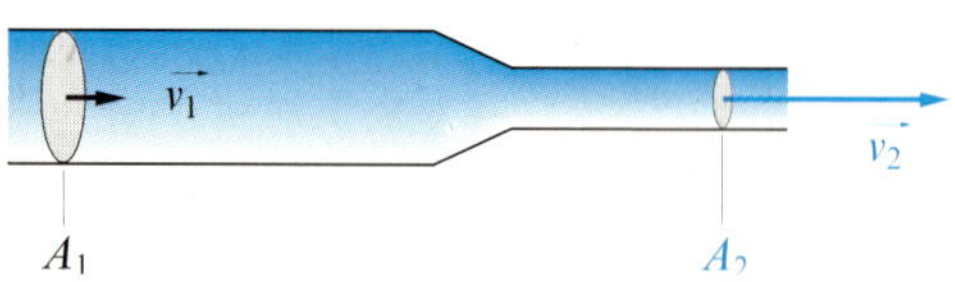

Auftrieb

Auftriebskraft

$F_A = \varrho \cdot V \cdot g$

V Volumen der verdrängten Flüssigkeit/des verdrängten Gases
ϱ Dichte der Flüssigkeit/des Gases
g Fallbeschleunigung

Sinken	Schweben	Steigen	Schwimmen
$F_G > F_A$	$F_G = F_A$	$F_G < F_A$	$F_G = F_A$

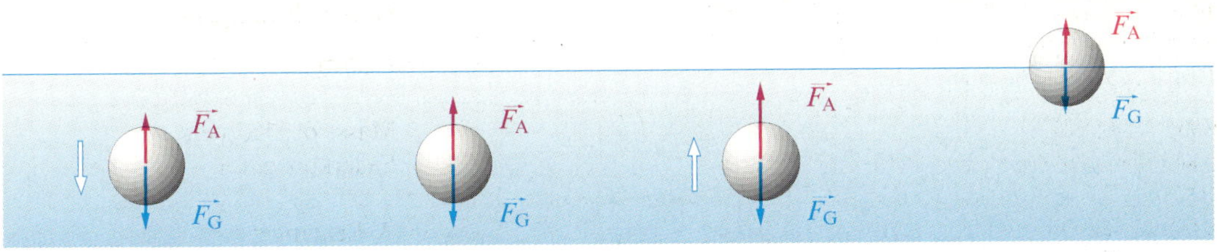

Strömungswiderstand		
$F_w = \frac{1}{2} c_w \cdot \varrho \cdot v^2 \cdot A$	c_w	Widerstandsbeiwert
	ϱ	Dichte des strömenden Stoffes
	v	Strömungsgeschwindigkeit senkrecht zur Querschnittsfläche
	A	Querschnittsfläche des umströmten Körpers

Akustik

Schwingung und Schallempfindung		
Amplitude	entspricht	Lautstärke
Frequenz	entspricht	Tonhöhe
Schwingungsform	entspricht	Klangfarbe

Schwingende Saiten		
Frequenz f (Grundschwingung)	$f = \frac{1}{2l} \sqrt{\frac{F}{\varrho \cdot A}}$	l Länge der Saite F Spannkraft der Saite ϱ Dichte des Saitenmaterials A Querschnittsfläche der Saite

Schwingende Luftsäulen	
Frequenz f einer offenen Pfeife (für den Grundton)	$f = \frac{c}{2l}$ c Schallgeschwindigkeit in Luft l Länge der schwingenden Luftsäule λ Wellenlänge der entstehenden Schallwelle 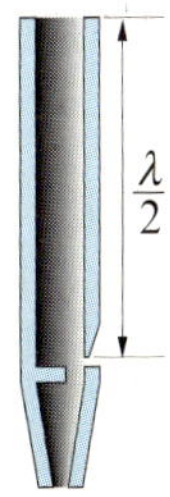
Frequenz f einer geschlossenen Pfeife (für den Grundton)	$f = \frac{c}{4l}$ c Schallgeschwindigkeit in Luft l Länge der schwingenden Luftsäule λ Wellenlänge der entstehenden Schallwelle 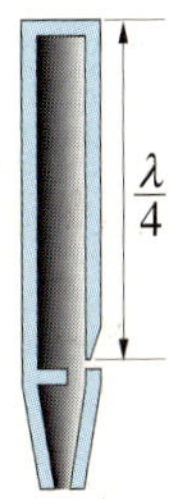

Wärme

Erster Hauptsatz der Wärmelehre	$\Delta U = Q + W$	ΔU Änderung der inneren Energie (des Systems) Q Wärme W Arbeit
Berechnung der Wärme Q (Wärmemenge) Grundgleichung der Wärmelehre	$Q = m \cdot c \cdot \Delta T$ (Bedingung: keine Änderung des Aggregatzustandes)	c spezifische Wärmekapazität m Masse ΔT Temperaturänderung
Wärmekapazität C	$C = \frac{Q}{\Delta T}$	
Spezifische Wärmekapazität c	$c = \frac{Q}{m \cdot \Delta T}$	
Spezifische Schmelzwärme q_S	$q_S = \frac{Q_S}{m}$	Q_S Schmelzwärme m Masse
Spezifische Verdampfungswärme q_V	$q_V = \frac{Q_V}{m}$	Q_V Verdampfungswärme m Masse
Leistung P_{th} von Wärmequellen	$P_{th} = \frac{\lvert Q_{ab} \rvert}{t}$	Q_{ab} abgegebene Wärme t Zeit
Heizwert H	$H = \frac{Q}{m}$ Für gasförmige Brennstoffe gilt auch: $H' = \frac{Q}{V_n}$	Q beim Verbrennen eines Stoffes frei werdende Wärme m Masse V_n Volumen im Normzustand

Wärmeübertragung, Wärmeaustausch

Wärmeleitung (für ΔT = konst.)	$Q = \frac{\lambda \cdot A \cdot t \cdot \Delta T}{l}$	Q Wärme λ Wärmeleitfähigkeit A Querschnittsfläche t Zeit ΔT Temperaturdifferenz l Länge des Leiters α Wärmeübergangskoeffizient
Wärmestrom Φ	$\Phi = \frac{Q}{t}$	
Wärmeübertragung (für ΔT = konst.)	$Q = \alpha \cdot A \cdot t \cdot \Delta T$	
Richmann'sche Mischungsregel (ohne Änderung des Aggregatzustandes)	$T_M = \frac{m_A \cdot c_A \cdot T_{a,A} + m_B \cdot c_B \cdot T_{a,B}}{m_A \cdot c_A + m_B \cdot c_B}$	T_M Mischungstemperatur $T_{a,A}$, $T_{a,B}$ Ausgangstemperaturen der Körper A und B c_A, c_B spezifische Wärmekapazitäten der Stoffe m_A, m_B Massen der Körper
Grundgesetz des Wärmeaustauschs	$Q_{zu} = \lvert Q_{ab} \rvert$	Q_{zu} zugeführte Wärme Q_{ab} abgeführte Wärme

Längenänderung, Volumenänderung

Längenänderung Δl	$\Delta l = \alpha \cdot l_0 \cdot \Delta T$ $l = l_0 (1 + \alpha \cdot \Delta T)$	α linearer Ausdehnungskoeffizient ΔT Temperaturänderung l_0 Anfangslänge γ kubischer Ausdehnungskoeffizient V_0 Anfangsvolumen
Volumenänderung ΔV	$\Delta V = \gamma \cdot V_0 \cdot \Delta T$; $V = V_0 (1 + \gamma \cdot \Delta T)$	

Gasgesetze

Normzustand des idealen Gases	$T_n = 273{,}15$ K $p_n = 1{,}013\,25 \cdot 10^5$ Pa $= 1{,}013\,25$ bar $V_{m,n} = 2{,}241\,4 \cdot 10^{-2} \cdot \text{m}^3/\text{mol}$	T_n Normtemperatur p_n Normdruck $V_{m,n}$ molares Normvolumen
Zustandsgleichung für eine abgeschlossene Gasmenge	$\frac{p_1 \cdot V_1}{T_1} = \frac{p_2 \cdot V_2}{T_2} = \frac{p \cdot V}{T} = \text{konst.}$ $p \cdot V = n \cdot R \cdot T$ (n = konst.) $p \cdot V = m \cdot R_S \cdot T$ (m = konst.)	V Volumen p Druck T Temperatur n Stoffmenge m Masse M molare Masse c_p spezifische Wärmekapazität bei konstantem Druck c_V spezifische Wärmekapazität bei konstantem Volumen $R = 8{,}314\,510$ J/(K · mol)
Universelle Gaskonstante R	$R = \frac{p_n \cdot V_{m,n}}{T_n}$	
Spezifische Gaskonstante R_S	$R_S = \frac{R}{M}$; $R_S = c_p - c_V$	
Zustandsänderungen bei konstanter Temperatur (Gesetz von Boyle und Mariotte)	$p_1 \cdot V_1 = p_2 \cdot V_2$ $p \cdot V$ = konst. (Bedingung: T = konst.)	V Volumen p Druck T Temperatur
Zustandsänderungen bei konstantem Volumen (Gesetz von Amontons)	$\frac{p_1}{T_1} = \frac{p_2}{T_2}$ $\frac{p}{T} = \text{konst.}$ (Bedingung: V = konst.)	
Zustandsänderungen bei konstantem Druck (Gesetz von Gay-Lussac)	$\frac{V_1}{T_1} = \frac{V_2}{T_2}$ $\frac{V}{T} = \text{konst.}$ (Bedingung: p = konst.)	

Kinetische Gastheorie

Anzahl N der Teilchen	$N = N_A \cdot n$	n Stoffmenge V Volumen m Masse N_A Avogadro-Konstante $N_A = 6{,}022\,136\,7 \cdot 10^{23}\ \text{mol}^{-1}$
Molares Volumen V_m	$V_m = \frac{V}{n}$	
Molare Masse M	$M = \frac{m}{n}$	
Masse m_T eines Teilchens	$m_T = \frac{m}{N}$	

Gleichstrom

Elektrische Stromstärke I	$I = \frac{Q}{t}$	Q elektrische Ladung t Zeit W_{el} elektrische Arbeit
Elektrische Spannung U	$U = \frac{W_{el}}{Q}$	
Elektrischer Widerstand R	$R = \frac{U}{I}$	
Ohm'sches Gesetz (bei konstanter Temperatur)	$U \sim I$ $U = R \cdot I \qquad R = \text{konst.}$	
Widerstandsgesetz	$R = \frac{\varrho \cdot l}{A}$	ϱ spezifischer elektrischer Widerstand l Länge des Leiters A Querschnittsfläche
Temperaturabhängigkeit des elektrischen Widerstandes	$\Delta R = R_{20} \cdot \alpha \cdot \Delta T$ $R = R_{20}(1 + \alpha \cdot \Delta T)$	ΔR Widerstandsänderung R_{20} Widerstand bei 20 °C α Temperaturkoeffizient ΔT Temperaturänderung
Elektrische Arbeit W_{el} (Joule'sches Gesetz)	$W_{el} = U \cdot I \cdot t$	U elektrische Spannung I elektrische Stromstärke t Zeit
Elektrische Leistung P_{el}	$P_{el} = U \cdot I = \frac{W_{el}}{t}$	

Stromkreisarten

Unverzweigter Stromkreis (Reihenschaltung)	Verzweigter Stromkreis (Parallelschaltung)
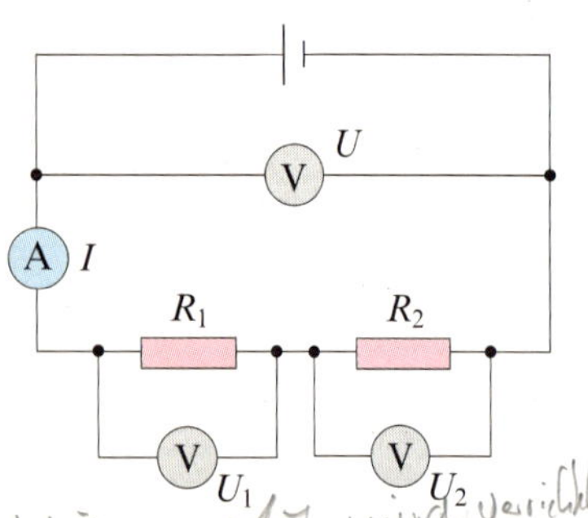 $I = I_1 = I_2$ $U = U_1 + U_2$ $R = R_1 + R_2$	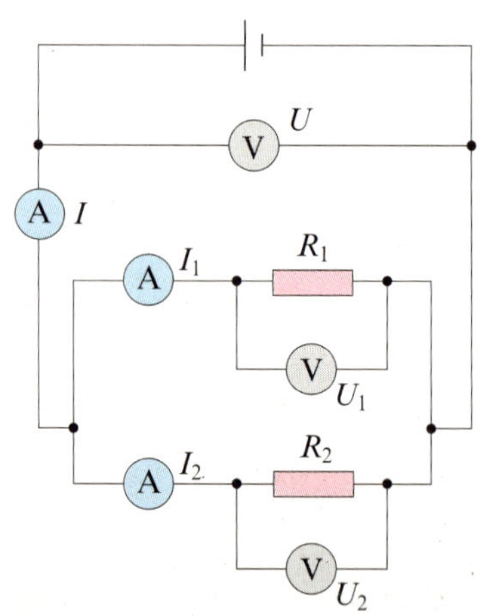 $I = I_1 + I_2$ $U = U_1 = U_2$ $\frac{1}{R} = \frac{1}{R_1} + \frac{1}{R_2}$; $\left[R = \frac{R_1 \cdot R_2}{R_1 + R_2} \right]$

Unverzweigter Stromkreis (Reihenschaltung)	Verzweigter Stromkreis (Parallelschaltung)
Spannungsteilerregel $\frac{U_1}{U_2} = \frac{R_1}{R_2}$	**Stromteilerregel** $\frac{I_1}{I_2} = \frac{R_2}{R_1}$
Reihenschaltung von Kondensatoren	Parallelschaltung von Kondensatoren
$\frac{1}{C} = \frac{1}{C_1} + \frac{1}{C_2}$; $C = \frac{C_1 \cdot C_2}{C_1 + C_2}$	$C = C_1 + C_2$
Reihenschaltung von Spannungsquellen	Parallelschaltung von Spannungsquellen
$U = U_1 + U_2 + \ldots + U_n$	Für gleiche Spannungsquellen gilt: $U = U_1 = U_2 = \ldots = U_n$

Diode und Transistor

Diode		Transistor	
pn-Gebiet in Durchlassrichtung	pn-Gebiet in Sperrrichtung	npn-Transistor	pnp-Transistor
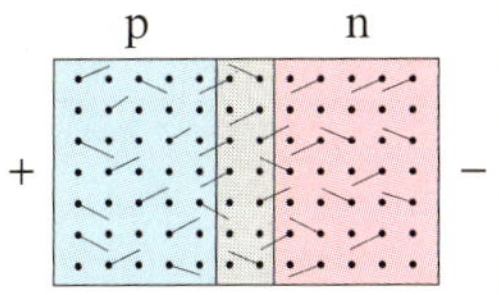	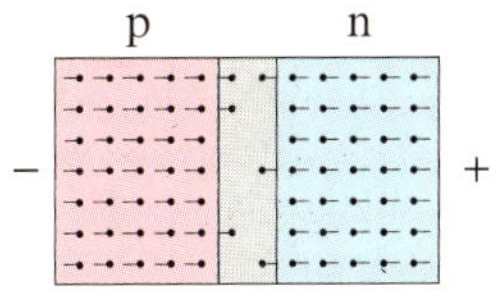	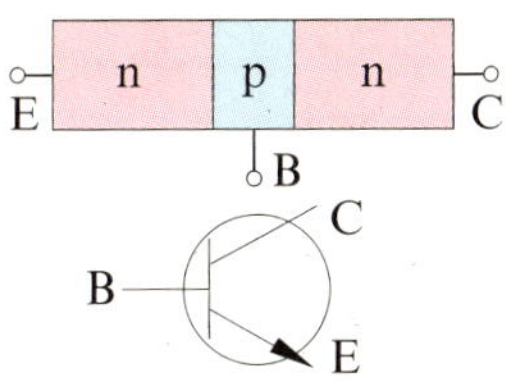	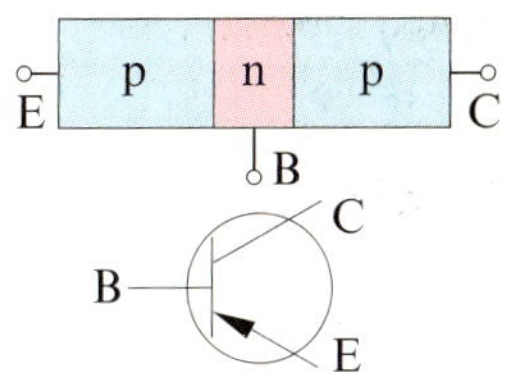

Elektrisches Feld

Elektrische Ladung Q für I = konst.	$Q = I \cdot t$	I elektrische Stromstärke t Zeit
Elektrische Kapazität C – allgemein – für einen Plattenkondensator	$C = \frac{Q}{U}$ $C = \varepsilon_0 \cdot \varepsilon_r \cdot \frac{A}{s} = \varepsilon \cdot \frac{A}{s}$	Q elektrische Ladung U elektrische Spannung ε_0 elektrische Feldkonstante ε_r relative Permittivität des Stoffes im Plattenkondensator A Fläche der Platten s Abstand der Platten ε Permittivität
Kinetische Energie E_{kin} eines Ladungsträgers nach der Beschleunigung in einem elektrischen Feld	$E_{kin} = Q \cdot U$	U elektrische Spannung Q elektrische Ladung
Arbeit W im elektrischen Feld – allgemein – Beschleunigungsarbeit W beim Elektron – Arbeit W zum Laden eines Kondensators	$W = Q \cdot U$ $W = e \cdot U$ $W = \frac{1}{2} C \cdot U^2$	Q elektrische Ladung U elektrische Spannung e Elementarladung C Kapazität des Kondensators $e = 1{,}602\,177\,33 \cdot 10^{-19}$ C

Magnetisches Feld

Kraft F_L auf einen bewegten Ladungsträger (Lorentzkraft)	$F_L = Q \cdot v \cdot B$ (für $\vec{v}$ senkrecht zu $\vec{B}$)	Q elektrische Ladung v Geschwindigkeit B magnetische Flussdichte
Kraft F auf einen stromdurchflossenen Leiter	$F = l \cdot I \cdot B$ (für $\vec{B}$ senkrecht zur Stromrichtung)	l Länge des Leiters I elektrische Stromstärke B magnetische Flussdichte

Wechselstrom

Momentanwerte der Wechselspannung u bzw. der Wechselstromstärke i	$u = u_{max} \cdot \sin(\omega \cdot t)$ $i = i_{max} \cdot \sin(\omega \cdot t)$	ω Kreisfrequenz u_{max} Maximalwert der Wechselspannung i_{max} Maximalwert der Wechselstromstärke
Effektivwerte der Wechselspannung U bzw. der Wechselstromstärke I	$U = \frac{1}{2}\sqrt{2} \cdot u_{max} \approx 0{,}707 \cdot u_{max}$ $I = \frac{1}{2}\sqrt{2} \cdot i_{max} \approx 0{,}707 \cdot i_{max}$	
Scheitelwert der Spannung U_S	$U_S = U \cdot \sqrt{2}$	U Effektivwert der Spannung
Scheitelwert der Stromstärke I_S	$I_S = I \cdot \sqrt{2}$	I Effektivwert der Stromstärke

Widerstände im Wechselstromkreis

Ohmscher Widerstand R	Induktiver Widerstand X_L	Kapazitiver Widerstand X_C
$R = \frac{U}{I}$ bei ϑ = konst.	$X_L = \frac{U}{I}$; $X_L = \omega \cdot L$ bei $\varphi = \frac{\pi}{2}$	$X_C = \frac{U}{I}$; $X_C = \frac{1}{\omega \cdot C}$ bei $\varphi = -\frac{\pi}{2}$

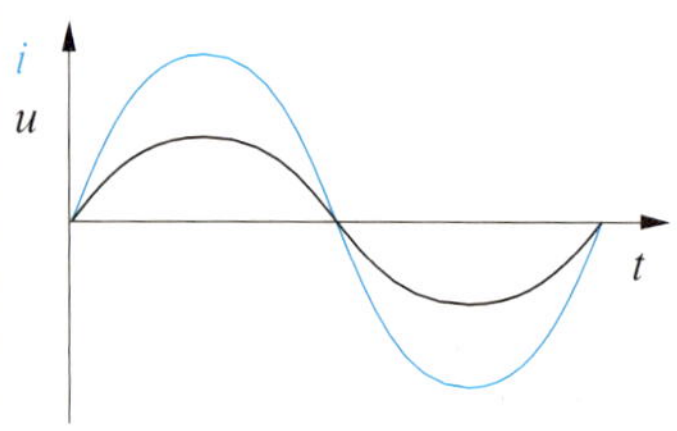

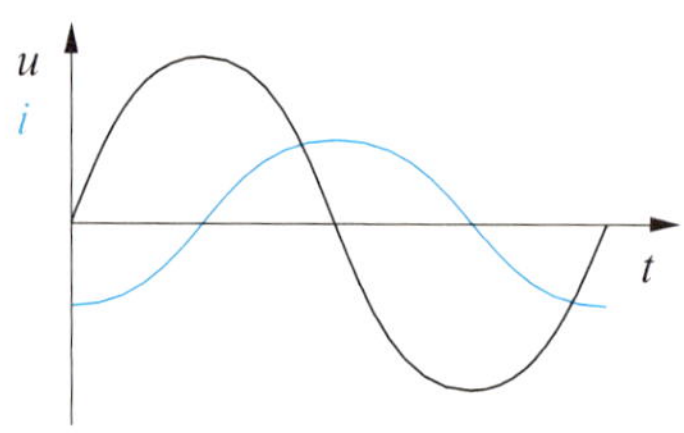

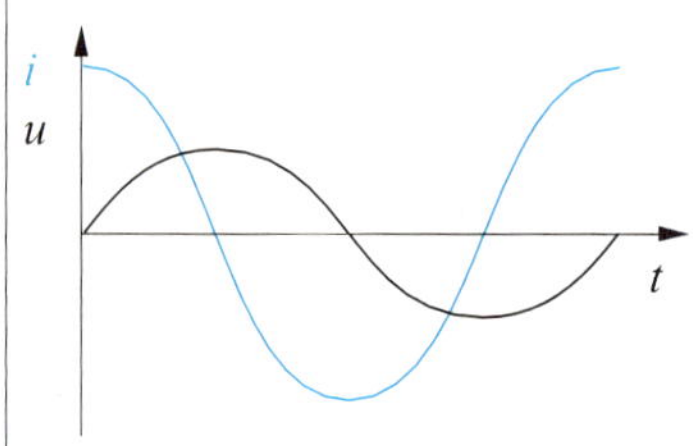

	Reihenschaltung von R, X_L, X_C	Parallelschaltung von R, X_L, X_C
Blindwiderstand X	$X = \omega \cdot L - \frac{1}{\omega \cdot C}$	$\frac{1}{X} = \omega \cdot C - \frac{1}{\omega \cdot L}$
Scheinwiderstand Z	$Z = \sqrt{R^2 + X^2}$	$\frac{1}{Z} = \sqrt{\frac{1}{R^2} + \frac{1}{X^2}}$
Tangens der Phasenverschiebung φ	$\tan \varphi = \frac{X_L - X_C}{R}$	$\tan \varphi = R\left(\frac{1}{X_C} - \frac{1}{X_L}\right)$

Leistung und Arbeit im Wechselstromkreis

Leistungsfaktor $\cos \varphi$ Wirkleistung P_W Wirkarbeit W_W	$\cos \varphi = \frac{P_W}{P_S}$ $P_W = U \cdot I \cdot \cos \varphi = P_S \cdot \cos \varphi$ $W = P_W \cdot t = U \cdot I \cdot \cos \varphi \cdot t$	P_W Wirkleistung P_S Scheinleistung φ Phasenverschiebung zwischen Spannung und Stromstärke t Zeit

Transformator

Spannungsverhältnis am unbelasteten (idealen) Transformator	$\frac{U_1}{U_2} = \frac{N_1}{N_2}$	U_1 Primärspannung U_2 Sekundärspannung N_1 Windungszahl der Primärspule N_2 Windungszahl der Sekundärspule I_1 Primärstromstärke I_2 Sekundärstromstärke
Stromstärkeverhältnis am stark belasteten Transformator	$\frac{I_1}{I_2} = \frac{N_2}{N_1}$	

Elektromagnetische Schwingungen

Thomson'sche Schwingungsgleichung	$T = 2\pi \cdot \sqrt{L \cdot C}$	T Periodendauer L Induktivität C Kapazität
Eigenfrequenz f eines elektrischen Schwingkreises – ungedämpft ($R = 0$) – gedämpft	$f = \frac{1}{2\pi \cdot \sqrt{L \cdot C}}$ $f = \frac{1}{2\pi} \cdot \sqrt{\frac{1}{L \cdot C} - \frac{R^2}{4L^2}}$	R ohmscher Widerstand L Induktivität C Kapazität

Elektromagnetische Wellen; Lichtwellen

Ausbreitungsgeschwindigkeit c	$c = \lambda \cdot f$	λ Wellenlänge f Frequenz

Strahlenoptik

Reflexionsgesetz	$\alpha = \alpha'$	α Einfallswinkel α' Reflexionswinkel
Brechzahl n	$n = \frac{c_{Vakuum}}{c_{Medium}}$	α Einfallswinkel β Brechungswinkel n_1, n_2 Brechzahlen der Medien 1 und 2 c_1, c_2 Lichtgeschwindigkeit im Medium 1 bzw. im Medium 2
Brechungsgesetz	$\frac{\sin \alpha}{\sin \beta} = \frac{n_2}{n_1} = \frac{c_1}{c_2}$	
Grenzwinkel α_G der Totalreflexion	$\sin \alpha_G = \frac{n_2}{n_1}$	n_1 Brechzahl des optisch dichteren Mediums n_2 Brechzahl des optisch dünneren Mediums

Abbildungsgleichung (für dünne Linsen)	$\frac{1}{f} = \frac{1}{g} + \frac{1}{b}$	f Brennweite g Gegenstandsweite b Bildweite G Gegenstandsgröße B Bildgröße
Abbildungsmaßstab	$\frac{G}{B} = \frac{g}{b}$	
Brechwert D einer Linse	$D = \frac{1}{f}$	
Vergrößerung V – einer Lupe – eines Fernrohrs (Kepler'sches Fernrohr) – eines Mikroskops	$V = \frac{s_0}{f}$ $V = \frac{f_{ob}}{f_{ok}}$ $V = V_{ob} \cdot V_{ok}$	s_0 deutliche Sehweite f_{ob} Brennweite des Objektivs f_{ok} Brennweite des Okulars V_{ob} Vergrößerung des Objektivs V_{ok} Vergrößerung des Okulars

Kernphysik

Symbolschreibweise	${}^{A}_{Z}$ Symbol des Elementes	A Massenzahl Z Protonenanzahl
Atomare Masseneinheit u	$1\,\mathrm{u} = \frac{1}{12} m_a ({}^{12}_{6}\mathrm{C})$	m_a Atommasse
Relative Atommasse A_r	$A_r = \frac{m_a}{\mathrm{u}}$	m_a Atommasse u atomare Masseneinheit
Massenzahl A	$A = Z + N$	Z Protonenanzahl N Neutronenanzahl
Massendefekt	$\Delta m = (Z \cdot m_p + N \cdot m_n) - m_k$	m_p Masse eines Protons m_n Masse eines Neutrons m_k Gesamtmasse des Kerns
Kernbindungsenergie E_B	$E_B = \Delta m \cdot c^2$	c Lichtgeschwindigkeit
Halbwertszeit $T_{1/2}$	$T_{1/2} = \frac{\ln 2}{\lambda}$	λ Zerfallskonstante N_0 Anzahl der Kerne zum Zeitpunkt $t = 0$ N Anzahl der Kerne zum Zeitpunkt t t Zeit
Zerfallsgesetz	$N = N_0 \cdot e^{-\lambda \cdot t}$ $N = N_0 \cdot \left(\frac{1}{2}\right)^{\frac{t}{T_{1/2}}}$	
Aktivität A eines Radionuklids	$A = \frac{\Delta N}{\Delta t}$; $A = \lambda \cdot N$	ΔN Anzahl der zerfallenen Kerne in der Zeitdauer Δt
Energiedosis D	$D = \frac{E}{m}$	E aufgenommene Strahlungsenergie m Masse des bestrahlten Körpers
Äquivalentdosis H	$H = D \cdot q$	D Energiedosis q Bewertungsfaktor

Schaltzeichen und Sinnbilder

Schaltzeichen

Symbol	Bedeutung
+	positiver Anschluss
−	negativer Anschluss
—	Gleichstrom, Gleichspannung (rechts am Kennzeichen anzugeben)
~	Wechselstrom, Wechselspannung (Frequenz oder Frequenzbereich rechts am Kennzeichen anzugeben)
≂	Allstrom, Gleich- oder Wechselstrom, Gleich- oder Wechselspannung
≈	Wechselspannung mittlerer Frequenz (Tonfrequenz)
—	Leiter, Leitung, Stromweg
┬	Abzweig von 2 Leitern
┼	Doppelabzweig von Leitern
⏚	Erde, allgemein Verbindung mit der Erde
⊥	Masse, Gehäuse
o	Anschluss (z. B. Buchse)
•	Verbindung von Leitern
	Buchse, Pol einer Steckdose
	Stecker, Pol eines Steckers

Symbol	Bedeutung
	Buchse und Stecker Steckverbindung
	Primärzelle, Akkumulator
	Batterie von Primärelementen, Akkumulatorenbatterie
	Sicherung, allgemein
	Schließer, Schalter, allgemein
	Öffner
	Wechsler mit Unterbrechung
	Zweiwegschließer mit Mittelstellung „Aus"
	Relaisspule, allgemein
	Widerstand, allgemein
	Widerstand mit Schleifkontakt, Potentiometer
	Widerstand mit Schleifkontakt, einstellbar
	Widerstand, veränderbar, allgemein
t°	Widerstand, temperaturabhängig, mit positivem Temperaturkoeffizienten (Thermistor, Kaltleiter)
-t°	Widerstand, temperaturabhängig, mit negativem Temperaturkoeffizienten

Symbol	Bedeutung
	Heizelement
	Kondensator, allgemein
	Kondensator, gepolt
	Kondensator, einstellbar
	Kondensator, veränderbar
	Spule mit Eisenkern
	Transformator, veränderbare Kopplung
	Transformator mit Mittelanzapfung an einer Wicklung
	Antenne, allgemein
	Halbleiterdiode
	Diode, Katode direkt geheizt
	Triode, Katode direkt geheizt
	npn-Transistor, bei dem der Kollektor mit dem Gehäuse verbunden ist
	Fotoelement, Fotozelle
	Diode, lichtempfindlich Fotodiode
	Leuchtdiode, allgemein
β	Zählrohr (z. B. zur Messung von β-Strahlung)

Symbol	Bedeutung	Symbol	Bedeutung	Symbol	Bedeutung
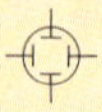	Oszilloskop	G	Generator, allgemein	(A)	Strommessgerät, anzeigend
	Glühlampe	(M)	Elektromotor	(V)	Spannungsmessgerät, anzeigend
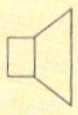	Lautsprecher, allgemein	(M)	Gleichstrommotor	(W)	Leistungsmessgerät, anzeigend
	Mikrofon, allgemein	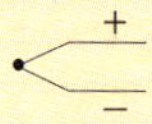	Thermoelement		Galvanometer
	Hörer, allgemein		Messgerät, anzeigend, allgemein, ohne Kennzeichnung der Messgröße		
	Wecker, allgemein				

Farbcode für Widerstände

Kennfarbe	1. Ziffer	2. Ziffer	Multiplikator	Toleranz in %
keine				± 20
Silber			× 0,01 Ω	± 10
Gold			× 0,1 Ω	± 5
Schwarz		0	× 1 Ω	
Braun	1	1	× 10 Ω	± 1
Rot	2	2	× 100 Ω	± 2
Orange	3	3	× 1 kΩ	
Gelb	4	4	× 10 kΩ	
Grün	5	5	× 100 kΩ	± 0,5
Blau	6	6	× 1 MΩ	
Violett	7	7	× 10 MΩ	
Grau	8	8		
Weiß	9	9		

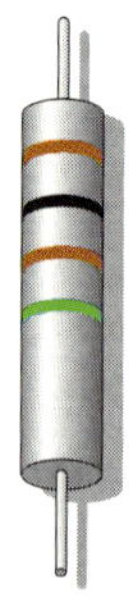

Beispiel:
Für den abgebildeten Widerstand erhält man einen Wert von 100 Ω ± 0,5 %.

Verknüpfungsfunktionen

Benennung	Neue Norm	USA-Symbol	Verknüpfungsgleichung	*Hinweis*
UND-Verknüpfung (AND)	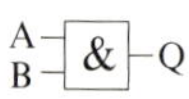	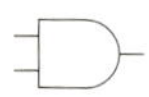	$Q = A \wedge B$	∧ und, ∨ oder, ‾ über der Aussage bedeutet Negation der Aussage, ° beim Ausgangsglied weist auf die Negation hin
NAND	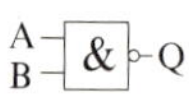	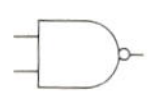	$Q = \overline{A \wedge B}$	
ODER-Verknüpfung (OR)	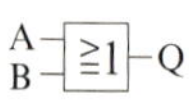	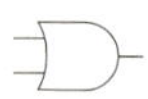	$Q = A \vee B$	
NOR	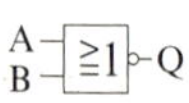	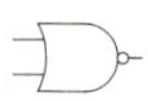	$Q = \overline{A \vee B}$	
EXOR (Exklusiv ODER)	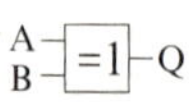	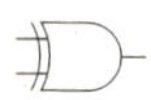	$Q = (\overline{A} \wedge B) \vee (A \wedge \overline{B})$	
EX-NOR (Exklusiv NOR)	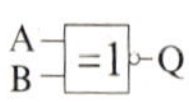	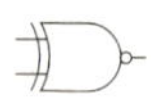	$Q = (A \wedge B) \vee (\overline{A} \wedge \overline{B})$	
Negation (NICHT-Verknüpfung)	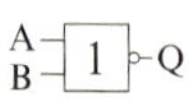	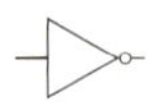	$Q = \overline{A}$	

Astronomie

Konstanten, Einheiten und Werte

Konstanten

Größe	Formelzeichen	Wert
Gravitationskonstante	γ, G, f	$6{,}672\,59 \cdot 10^{-11}\ \mathrm{m^3/(kg \cdot s^2)}$
Solarkonstante	S	$1{,}368\ \mathrm{kW/m^2}$
Hubble-Konstante	H	50 … 100 km/(s · Mpc)
Masseverhältnis Erde – Mond	m_E/m_M	81,3
Masseverhältnis Sonne – Erde	m_S/m_E	332 964,0
Schiefe der Ekliptik (für das Jahr 2000)	ε	23° 26′ 21,488″
Nutationskonstante (für das Jahr 2000)	N	9,205 5″
Sonnenparallaxe	p_S	8,794 148″
Aberrationskonstante (für das Jahr 2000)	$\bar{k}$	20,495 52″

Einheiten der Länge

Name der Einheit	Einheitenzeichen	Beziehungen
Astronomische Einheit	AE	$1\ \mathrm{AE} = 149{,}6 \cdot 10^9\ \mathrm{m} = 4{,}85 \cdot 10^{-6}\ \mathrm{pc} = 15{,}8 \cdot 10^{-6}\ \mathrm{Lj}$
Parsec	pc	$1\ \mathrm{pc} = 30{,}857 \cdot 10^{15}\ \mathrm{m} = 0{,}206 \cdot 10^6\ \mathrm{AE} = 3{,}26\ \mathrm{Lj}$
Lichtjahr	Lj, ly	$1\ \mathrm{Lj} = 9{,}4605 \cdot 10^{15}\ \mathrm{m} = 63{,}239 \cdot 10^3\ \mathrm{AE} = 0{,}3066\ \mathrm{pc}$

Einheiten der Zeit

Tropisches Jahr	365 d 5 h 48 min 46 s
Siderisches Jahr	365 d 6 h 9 min 9 s
Siderischer Monat	27,322 d (27 d 7 h 43 min 12 s)
Synodischer Monat	29,53 d (29 d 12 h 44 min 3 s)
Sterntag	23 h 56 min 4,091 s = 86 164,091 s = 0,997 27 d
Sonnentag	1 d = 24 h = 86 400 s

Ausgewählte Zeitzonen

Zeitzone	Vergleich zur MGZ
Mittlere Greenwicher Zeit (MGZ)	= Westeuropäische Zeit (WEZ)
Mitteleuropäische Zeit	MGZ + 1 Stunde
Osteuropäische Zeit	MGZ + 2 Stunden
Atlantic Standard Time	MGZ – 4 Stunden
Pacific Standard Time	MGZ – 8 Stunden

Astronomische Koordinaten

	Horizontsystem	Rotierendes Äquatorsystem
Grundkreis	Horizont	Himmelsäquator
Mittelpunkt	Beobachtungsort	Beobachtungsort
Pole	Zenit, Nadir	Himmelspole
Abstandswinkel	Höhe h	Deklination δ
Richtungswinkel	Azimut a	Rektaszension α
Leitpunkt	Südpunkt des Horizonts	Frühlingspunkt ♈
	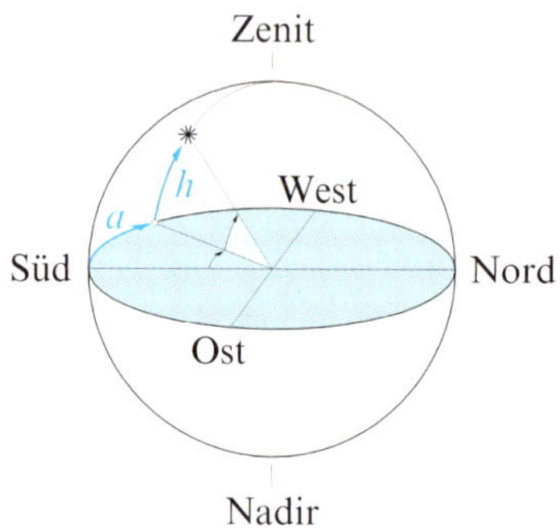	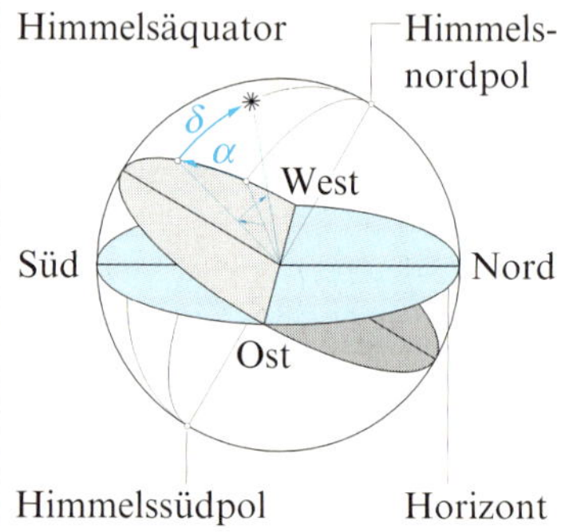

Azimut

Geowissenschaftliche Zählung		Astronomische Zählung	
0° = 360°	Nord	0° = 360°	Süd
90°	Ost	90°	West
180°	Süd	180°	Nord
270°	West	270°	Ost

Besondere Daten

Ereignis	Zeitraum
Frühling	21. März bis 21. Juni (92 d 19 h)
Sommer	21. Juni bis 23. September (93 d 15 h)
Herbst	23. September bis 21. Dezember (89 d 20 h)
Winter	21. Dezember bis 21. März (89 d 0 h)
Erde im Aphel (fernster Punkt)	2. Juli
Erde im Perihel (nächster Punkt)	2. Januar
Sommersonnenwende	21./22. Juni
Wintersonnenwende	21./22. Dezember

Einige bedeutende Meteoritenfälle

Fall- bzw. Fundort	Masse in t	Art des Meteoriten
Hoba West/Namibia	60	Fe/Ni
Ahnighito/Grönland	30,4	Fe/Ni
Bacuberita/Mexiko	27	Fe/Ni
Kirin/China	1,77	Stein

Erde

Größe	Formelzeichen	Wert
Radius am Äquator Radius am Pol	$r_Ä$ r_P	6 378 km 6 357 km
Abplattung Volumen Masse	$(r_Ä - r_P) : r_Ä$ V_E m_E	0,003 3 $1{,}083 \cdot 10^{12}$ km³ $5{,}976 \cdot 10^{24}$ kg
Mittlere Dichte Normfallbeschleunigung Luftdruck in Meereshöhe (Normdruck)	ϱ_E g_n p_n	5,52 g/cm³ 9,806 65 m/s² 101,3 kPa = 1 013 hPa
Mittlere Entfernung von der Sonne Mittlere Bahngeschwindigkeit Siderische Umlaufzeit um die Sonne	r, S_S v_E T_{sid}	$149{,}6 \cdot 10^6$ km = 1 AE 29,79 km/s 365,26 d

Mond

Größe	Formelzeichen	Wert
Mittlere Entfernung von der Erde Mittlerer scheinbarer Radius Radius	s_M R'_M R_M	384 400 km ≈ 60,3 Erdradien 15′ 32,6″ = 0,259° 1 738 km ≈ 0,272 5 Erdradien
Volumen Masse Mittlere Dichte	V_M m_M ϱ_M	$2{,}192 \cdot 10^{10}$ km³ ≈ 0,02 V_E $7{,}35 \cdot 10^{22}$ kg = 0,012 3 m_E 3,34 g/cm³ = 0,61 ϱ_E
Fallbeschleunigung an der Oberfläche Mittlere Bahngeschwindigkeit Bahnneigung gegen die Erdbahn Siderische Umlaufzeit um die Erde	g_M v_M T_{sid}	1,62 m/s² = 0,165 g_n 1,02 km/s 5° 8′ 43″ 27,322 d

Planeten des Sonnensystems

Planet	Symbol	Mittlere Bahngeschwindigkeit in $\frac{km}{s}$	Mittlere Entfernung von der Sonne in 10^6 km	Äquatordurchmesser in km	Masse in Erdmassen ($5{,}976 \cdot 10^{24}$ kg)	Mittlere Dichte in $\frac{g}{cm^3}$
Merkur	☿	47,8	57,9	4 878	0,06	5,43
Venus	♀	35,03	108,2	12 104	0,82	5,24
Erde	♁, ⊕	29,79	149,6	12 756	1	5,52
Mars	♂	24,13	227,9	6 794	0,11	3,93
Jupiter	♃	13,06	778,3	143 600	317,9	1,31
Saturn	♄	9,64	1 427	120 000	95,15	0,69
Uranus	⛢	6,81	2 869,6	50 800	14,54	1,3
Neptun	♆	5,43	4 496,7	49 500	17,20	1,71
Pluto	♇	4,74	5 900	2 200	0,001 7	um 2

Einige Monde der Planeten

Planet und Monde	Entfernung des Mondes vom Planeten in km	Siderische Umlaufzeit in d	Durchmesser in km
Mars: Phobos Deimos	$9{,}38 \cdot 10^3$ $23{,}48 \cdot 10^3$	0,319 1,262	22 12
Jupiter: Ganymed Callisto	$1\,070 \cdot 10^3$ $1\,880 \cdot 10^3$	7,155 16,689	5 276 4 820
Saturn: Titan Rhea	$1\,222 \cdot 10^3$ $527 \cdot 10^3$	15,95 4,52	5 150 1 530
Uranus: Titania Oberon	$436 \cdot 10^3$ $583 \cdot 10^3$	8,70 13,46	1 610 1 550
Neptun: Triton Nereid	$355 \cdot 10^3$ $5\,563 \cdot 10^3$	5,88 360	2 705 340
Pluto: Charon	$19{,}6 \cdot 10^3$	6,39*	1 200

* Dauer der Bewegung um den gemeinsamen Schwerpunkt

Sonne

Größe	Formelzeichen	Wert
Mittlere Entfernung zwischen Sonne und Erde Mittlerer scheinbarer Radius Radius	S_S R'_S R_S	$149{,}6 \cdot 10^6$ km = 1 AE $16'\,1{,}2'' = 0{,}267°$ 700 000 km = 109 Erdradien
Volumen Masse Mittlere Dichte	V_S m_S ϱ_S	$1{,}414 \cdot 10^{18}\ \text{km}^3 = 1{,}3 \cdot 10^6\ V_E$ $2 \cdot 10^{30}\ \text{kg} = 3{,}35 \cdot 10^5\ m_E$ $1{,}41\ \text{g/cm}^3 = 0{,}26\ \varrho_E$
Fallbeschleunigung an der Oberfläche Oberflächentemperatur	g_S T	$274\ \text{m/s}^2 = 27{,}94\ g_n$ 5 777 K ≈ 6 000 K

Einige Daten unseres Milchstraßensystems (Galaxis)

Durchmesser der diskusähnlichen Scheibe	30 000 pc
Dicke – in den Randgebieten – im zentralen Kern	 1 000 pc 5 000 pc
Mittlere Dichte	$\approx 10^{-23}\ \text{g/cm}^3$
Abstand der Sonne vom Zentrum der „Scheibe" Zeit für einen vollen Umlauf der Sonne um das Zentrum Umlaufgeschwindigkeit der Sonne um das Zentrum	≈ 10 000 pc ≈ 32 600 Lj ≈ 250 Mio. Jahre ≈ 250 km/s
Mit bloßem Auge sichtbare Sterne Gesamtanzahl der Sterne	≈ 6 000 ≈ 100 Mrd.

Einige jährlich wiederkehrende Meteoritenströme

Zeitraum	Name	Herkunft
12. 3. bis 5. 4.	Virginiden	ekliptikal
29. 4. bis 21. 5.	Mai-Aquariden	Komet Halley
25. 7. bis 10. 8.	Juli-Aquariden	ekliptikal
20. 7. bis 19. 8.	Perseiden	Komet 1862 III
11. 10. bis 30. 10.	Orioniden	Komet Halley
5. 12. bis 19. 12.	Geminiden	ekliptikal

Scheinbare Helligkeiten einiger Sterne

Stern (Sternbild)	Scheinbare Helligkeit	Farbe	Entfernung
Sirius (Großer Hund)	$-1,46^{m}$	weiß	8,8 Lj
Wega (Leier)	$0,04^{m}$	weiß	26 Lj
Rigel (Orion)	$0,12^{m}$	weiß	880 Lj
Atair (Adler)	$0,77^{m}$	gelblich	16,1 Lj
Aldebaran (Stier)	$0,85^{m}$	orange	68 Lj
Spica (Jungfrau)	$0,97^{m}$	bläulich	274 Lj
Pollux (Zwillinge)	$1,21^{m}$	orange	36 Lj

Radien und mittlere Dichten von Sternen

Stern	Radius in Sonnenradien	Mittlere Dichte in g/cm^3
Überriesen	20 bis 750	10^{-7}
Riesen	3 bis 40	10^{-5} bis 10^{-2}
Massereiche Hauptreihensterne	0,5 bis 8	10^{-2}
Massearme Hauptreihensterne	0,5 bis 8	1 bis 3
Weiße Zwerge	$\approx 0,01$	10^{5}

Entwicklung der Galaxien (Hubble-Diagramm)

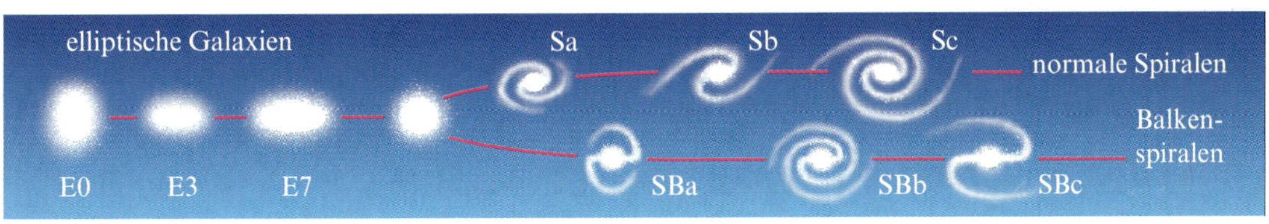

Einige Galaxien

Objekt (Sternbild)	Hubble-Typ	Entfernung in 10^3 AE	Durchmesser in 10^3 AE	Scheinbare Helligkeit	Absolute Helligkeit
Galaxis	Sb		100		$-20,2$
NGC 185 (Kassiopeia)	E3	2150	3,25	9,4	$-15,2$
NGC 205 (Andromedanebel)	E5	2100	7,8	8,2	$-16,3$
Leo II (Löwe)	E0	750	1	12,3	$-9,5$
Centaurus A	E0p	$1012 \cdot 10^6$	$1898 \cdot 10^3$	7,0	$-20,0$

Formeln

Grundlegende Größen

Fluchtgeschwindigkeit v eines Sternsystems (Gesetz von Hubble)	$v = H \cdot r$	H r	Hubble-Konstante Entfernung des Sternsystems
Zusammenhang zwischen scheinbarer Helligkeit, absoluter Helligkeit und Entfernung eines Sterns	$m - M = 5 \cdot \lg r - 5$	m M r	scheinbare Helligkeit absolute Helligkeit Entfernung des Sterns in pc
Leuchtkraft L	$L = \frac{E}{t}$	E t	ausgestrahlte Energie Zeit
Zusammenhang zwischen Parallaxe und Entfernung eines Sterns	$r = \frac{1}{p}$	r p	Entfernung des Sterns in pc Parallaxe in Bogensekunden

Die Kepler'schen Gesetze

Erstes Kepler'sches Gesetz	Alle Planeten bewegen sich auf Ellipsenbahnen, in deren einem Brennpunkt die Sonne steht.	A t	vom Leitstrahl überstrichene Fläche erforderliche Zeit
Zweites Kepler'sches Gesetz	$\frac{\Delta A}{\Delta t} = \text{konst.}; \quad \frac{\Delta A_1}{\Delta t_1} = \frac{\Delta A_2}{\Delta t_2}$	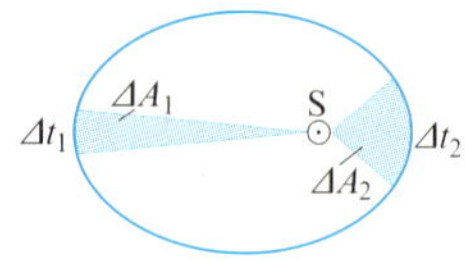	
Drittes Kepler'sches Gesetz	$\frac{T_1^2}{T_2^2} = \frac{a_1^3}{a_2^3}$	T a	Umlaufzeit große Halbachse der Planetenbahn
Numerische Exzentrizität ε (für Ellipse)	$\varepsilon = \frac{e}{a}$	e	lineare Exzentrizität

Das Gravitationsgesetz

Gravitationsgesetz, Gravitationskraft F	$F = \gamma \cdot \frac{m_1 \cdot m_2}{r^2}$	γ m_1, m_2 r	Gravitationskonstante Massen der Körper Abstand der beiden Massenmittelpunkte

Kosmische Geschwindigkeiten

1. kosmische Geschwindigkeit (Kreisbahn an der Erdoberfläche)	$v_K = \sqrt{\gamma \frac{m_E}{r_E}} = 7{,}9\ \text{km/s}$	γ m_E r_E r	Gravitationskonstante Masse der Erde Radius der Erde mittlerer Bahnradius der Erde um die Sonne
2. kosmische Geschwindigkeit (Fluchtgeschwindigkeit aus dem Gravitationsfeld der Erde)	$v_P = \sqrt{2\gamma \frac{m_E}{r_E}} = 11{,}2\ \text{km/s}$	v_{P1}	Parabelgeschwindigkeit für die Erde 11,2 km/s
3. kosmische Geschwindigkeit (Hyperbel, Fluchtgeschwindigkeit aus dem Gravitationsfeld der Sonne)	$v_H = \sqrt{v_{P1}^2 + v_{P2}^2} = 16{,}7\ \text{km/s}$	v_{P2}	12,4 km/s

Chemie

Übersichten zur Chemie

Chemische Elemente

Die Werte in eckigen Klammern geben die Atommassen der längstlebigen zurzeit bekannten Atomart des betreffenden Elements an.
Die Massenzahlen der Elemente sind nach der Häufigkeit der natürlich vorkommenden Isotope geordnet.

Element	Symbol	Ordnungszahl	Atommasse in u (gerundet)	Massenzahlen natürlicher Isotope	Oxidationszahlen (häufig auftretende)	Elektronegativitätswert
Actinium	Ac	89	227	227; 228	+3	1,1
Aluminium	Al	13	27	27	+3	1,5
Americium	Am	95	[243]		+3	1,3
Antimon	Sb	51	122	121; 123	+3; +5; −3	1,9
Argon	Ar	18	40	40; 36; 38	±0	
Arsen	As	33	75	75	+3; +5; −3	2,0
Astat	At	85	[210]	215; 216; 218	−1	2,2
Barium	Ba	56	137	138; 137; 136; 135; 134; 130; 132	+2	0,9
Berkelium	Bk	97	[247]		+3	1,3
Beryllium	Be	4	9	9	+2	1,5
Bismut	Bi	83	209	209	+3; −3	1,9
Blei	Pb	82	207	208; 206; 207; 204	+2; +4	1,8
Bor	B	5	11	11; 10	+3	2,0
Brom	Br	35	80	79; 81	+1; +5; −1	2,8
Cadmium	Cd	48	112,5	114; 112; 111; 110; 113; 116; 106; 108	+2	1,7
Caesium	Cs	55	133	133	+1	0,7
Calcium	Ca	20	40	40; 44; 42; 48; 43; 46	+2	1,0
Californium	Cf	98	[251]		+3	1,3
Cer	Ce	58	140	140; 142; 138; 136	+3	1,1
Chlor	Cl	17	35,5	35; 37	+1; +3; +5; +7; −1	3,0
Chrom	Cr	24	52	52; 53; 50; 54	+2; +3; +6	1,6
Cobalt	Co	27	59	59	+2; +3	1,8
Curium	Cm	96	[247]		+3	1,3
Dysprosium	Dy	66	162,5	164; 162; 163; 161; 160; 158; 156	+3	1,2
Einsteinium	Es	99	[252]			1,3
Eisen	Fe	26	56	56; 54; 57; 58	+2; +3; +6	1,8
Erbium	Er	68	167	166; 168; 167; 170; 164; 162	+3	1,2
Europium	Eu	63	152	153; 151	+3	1,2
Fermium	Fm	100	[257]			1,3
Fluor	F	9	19	19	−1	4,0
Francium	Fr	87	[223]	223	+1	0,7
Gadolinium	Gd	64	157	158; 160; 156; 157; 155; 154; 152	+3	1,1

Element	Symbol	Ordnungszahl	Atommasse in u (gerundet)	Massenzahlen natürlicher Isotope	Oxidationszahlen (häufig auftretende)	Elektronegativitätswert
Gallium	Ga	31	70	69; 71	+3	1,6
Germanium	Ge	32	72,5	74; 72; 70; 73; 76	+4	1,8
Gold	Au	79	197	197	+1; +3	2,4
Hafnium	Hf	72	178,5	180; 178; 177; 179; 176; 174	+4	1,3
Helium	He	2	4	4; 3	±0	
Holmium	Ho	67	165	165	+3	1,2
Indium	In	49	115	115; 113	+3	1,7
Iod	I	53	127	127	+1; +5; +7; −1	2,5
Iridium	Ir	77	192	193; 191	+3; +4	2,2
Kalium	K	19	39	39; 41; 40	+1	0,8
Kohlenstoff	C	6	12	12; 13	+2; +4; −2	2,5
Krypton	Kr	36	84	84; 86; 83; 82; 80; 78	±0	
Kupfer	Cu	29	63,5	63; 65	+1; +2	1,9
Lanthan	La	57	139	139; 138	+3	1,1
Lithium	Li	3	7	7; 6	+1	1,0
Lutetium	Lu	71	175	175; 176	+3	1,2
Magnesium	Mg	12	24	24; 26; 25	+2	1,2
Mangan	Mn	25	55	55	+2; +4; +6; +7	1,5
Molybdän	Mo	42	96	98; 96; 95; 92; 100; 97; 94	+6	1,8
Natrium	Na	11	23	23	+1	0,9
Neodym	Nd	60	144	142; 144; 146; 143; 145; 148; 150	+3	1,2
Neon	Ne	10	20	20; 22; 21	±0	
Neptunium	Np	93	[237]	237	+5	1,3
Nickel	Ni	28	59	58; 60; 62; 61; 64	+2	1,8
Niob	Nb	41	93	93	+5	1,6
Osmium	Os	76	190	192; 190; 189; 188; 187; 186; 184	+4; +8	2,2
Palladium	Pd	46	106	106; 108; 105; 110; 104; 102	+2; +4	2,2
Phosphor	P	15	31	31	+3; +5; −3	2,1
Platin	Pt	78	195	195; 194; 196; 198; 192; 190	+2; +4	2,2
Plutonium	Pu	94	[244]	239	+4	1,3
Polonium	Po	84	[209]	209; 210; 211; 212; 214; 215; 216; 218	+4; −2	2,0
Praseodym	Pr	59	141	141	+3	1,1
Promethium	Pm	61	[145]	147	+3	1,2
Protactinium	Pa	91	231	231; 234	+5	1,5
Quecksilber	Hg	80	200,5	202; 200; 199; 201; 198; 204; 196	+1; +2	1,9
Radium	Ra	88	226	223; 224; 226; 228	+2	0,9
Radon	Rn	86	[222]	218; 219; 220; 222	±0	
Rhenium	Re	75	186	187; 185	+7	1,9
Rhodium	Rh	45	103	103	+3; +4	2,2
Rubidium	Rb	37	85,5	85; 87	+1	0,8
Ruthenium	Ru	44	101	102; 104; 101; 99; 100; 96; 98	+4; +8	2,2
Samarium	Sm	62	150	152; 154; 147; 149; 148; 150; 144	+3	1,2

Element	Symbol	Ordnungszahl	Atommasse in u (gerundet)	Massenzahlen natürlicher Isotope	Oxidationszahlen (häufig auftretende)	Elektronegativitätswert
Sauerstoff	O	8	16	16; 18; 17	−2	3,5
Scandium	Sc	21	45	45	+3	1,3
Schwefel	S	16	32	32; 34; 33; 36	+4; +6; −2	2,5
Selen	Se	34	79	80; 78; 82; 76; 77; 74	+4; +6; −2	2,4
Silber	Ag	47	108	107; 109	+1	1,9
Silicium	Si	14	28	28; 29; 30	+4; −4	1,8
Stickstoff	N	7	14	14; 15	+3; +5; −3	3,0
Strontium	Sr	38	87,5	88; 86; 87; 84	+2	1,0
Tantal	Ta	73	181	181; 180	+5	1,5
Technetium	Tc	43	[98]		+7	1,9
Tellur	Te	52	127,5	130; 128; 126; 125; 124; 122; 123; 120	+4; +6; −2	2,1
Terbium	Tb	65	159	159	+3	1,2
Thallium	Tl	81	204	205; 203	+3	1,8
Thorium	Th	90	232	227; 228; 230; 231; 234	+4	1,3
Thulium	Tm	69	169	169	+3	1,2
Titan	Ti	22	48	48; 46; 47; 49; 50	+4	1,5
Uran	U	92	238	238; 234; 235	+4; +5; +6	1,7
Vanadium	V	23	51	51; 50	+5	1,6
Wasserstoff	H	1	1	1; 2	+1; −1	2,1
Wolfram	W	74	184	184; 186; 182; 183; 180	+6	1,7
Xenon	Xe	54	131	132; 129; 131; 134; 136; 130; 128; 124; 126	±0	
Ytterbium	Yb	70	173	174; 172; 173; 171; 176; 170; 168	+3	1,1
Yttrium	Y	39	89	89	+3	1,3
Zink	Zn	30	65	64; 66; 68; 67; 70	+2	1,6
Zinn	Sn	50	119	120; 118; 116; 119; 117; 124; 122; 112; 114; 115	+2; +4	1,8
Zirconium	Zr	40	91	90; 94; 92; 91; 96	+4	1,4

Atom- und Ionenradien einiger Elemente

Symbol	Atomradius in 10^{-12} m	Ionenradius in 10^{-12} m (Ionenladung)	Symbol	Atomradius in 10^{-12} m	Ionenradius in 10^{-12} m (Ionenladung)	Symbol	Atomradius in 10^{-12} m	Ionenradius in 10^{-12} m (Ionenladung)
Al	143	50 (+3)	F	64	136 (−1)	Rb	244	148 (+1)
Ba	217	135 (+2)	I	133	216 (−1)	O	66	140 (−2)
Be	112	31 (+2)	K	231	133 (+1)	S	104	184 (−2)
Br	114	195 (−1)	Cu	128	72 (+2)	Se	117	198 (−2)
Cs	262	169 (+1)	Li	152	60 (+1)	Si	117	41 (+4)
Ca	197	97 (+2)	Mg	160	65 (+2)	N	70	171 (−3)
Cl	99	181 (−1)	Na	186	95 (+1)	Sr	215	113 (+2)
Fe	124	64 (+3)	P	110	212 (−3)	Te	137	221 (−2)

Elektronenkonfiguration der Atome im Grundzustand

Bei den mit * gekennzeichneten Atomen bestehen Abweichungen in der Anordnung der neu hinzukommenden Elektronen oder ist die Anordnung derselben nicht gesichert. *Z* Ordnungszahl

Periode	Z	Name	Symbol	Elektronenkonfiguration der Atome																	
				1s	2s	2p	3s	3p	3d	4s	4p	4d	4f	5s	5p	5d	5f	6s	6p	6d	7s
1	1	Wasserstoff	H	1																	
	2	Helium	He	2																	
2	3	Lithium	Li	2	1																
	4	Beryllium	Be	2	2																
	5	Bor	B	2	2	1															
	6	Kohlenstoff	C	2	2	2															
	7	Stickstoff	N	2	2	3															
	8	Sauerstoff	O	2	2	4															
	9	Fluor	F	2	2	5															
	10	Neon	Ne	2	2	6															
3	11	Natrium	Na	2	2	6	1														
	12	Magnesium	Mg	2	2	6	2														
	13	Aluminium	Al	2	2	6	2	1													
	14	Silicium	Si	2	2	6	2	2													
	15	Phosphor	P	2	2	6	2	3													
	16	Schwefel	S	2	2	6	2	4													
	17	Chlor	Cl	2	2	6	2	5													
	18	Argon	Ar	2	2	6	2	6													
4	19	Kalium	K	2	2	6	2	6		1											
	20	Calcium	Ca	2	2	6	2	6		2											
	21	Scandium	Sc	2	2	6	2	6	1	2											
	22	Titan	Ti	2	2	6	2	6	2	2											
	23	Vanadium	V	2	2	6	2	6	3	2											
	24	Chrom	Cr	2	2	6	2	6	4	2*											
	25	Mangan	Mn	2	2	6	2	6	5	2											
	26	Eisen	Fe	2	2	6	2	6	6	2											
	27	Cobalt	Co	2	2	6	2	6	7	2											
	28	Nickel	Ni	2	2	6	2	6	8	2											
	29	Kupfer	Cu	2	2	6	2	6	9	2*											
	30	Zink	Zn	2	2	6	2	6	10	2											
	31	Gallium	Ga	2	2	6	2	6	10	2	1										
	32	Germanium	Ge	2	2	6	2	6	10	2	2										
	33	Arsen	Ar	2	2	6	2	6	10	2	3										
	34	Selen	Se	2	2	6	2	6	10	2	4										
	35	Brom	Br	2	2	6	2	6	10	2	5										
	36	Krypton	Kr	2	2	6	2	6	10	2	6										
5	37	Rubidium	Rb	2	2	6	2	6	10	2	6			1							
	38	Strontium	Sr	2	2	6	2	6	10	2	6			2							
	39	Yttrium	Y	2	2	6	2	6	10	2	6	1		2							
	40	Zirkonium	Zr	2	2	6	2	6	10	2	6	2		2							
	41	Niob	Nb	2	2	6	2	6	10	2	6	3		2*							
	42	Molybdän	Mo	2	2	6	2	6	10	2	6	4		2*							
	43	Technetium	Tc	2	2	6	2	6	10	2	6	5		2*							
	44	Ruthenium	Ru	2	2	6	2	6	10	2	6	6		2*							
	45	Rhodium	Rh	2	2	6	2	6	10	2	6	7		2*							
	46	Palladium	Pd	2	2	6	2	6	10	2	6	8		2*							
	47	Silber	Ag	2	2	6	2	6	10	2	6	9		2*							
	48	Cadmium	Cd	2	2	6	2	6	10	2	6	10		2							
	49	Indium	In	2	2	6	2	6	10	2	6	10		2	1						
	50	Zinn	Sn	2	2	6	2	6	10	2	6	10		2	2						

Periode	Z	Name	Symbol	1s	2s	2p	3s	3p	3d	4s	4p	4d	4f	5s	5p	5d	5f	6s	6p	6d	7s
	51	Antimon	Sb	2	2	6	2	6	10	2	6	10		2	3						
	52	Tellur	Te	2	2	6	2	6	10	2	6	10		2	4						
	53	Iod	I	2	2	6	2	6	10	2	6	10		2	5						
	54	Xenon	Xe	2	2	6	2	6	10	2	6	10		2	6						
6	55	Caesium	Cs	2	2	6	2	6	10	2	6	10		2	6			1			
	56	Barium	Ba	2	2	6	2	6	10	2	6	10		2	6			2			
	57	Lanthan	La	2	2	6	2	6	10	2	6	10		2	6	1		2			
	58	Cer	Ce	2	2	6	2	6	10	2	6	10	1	2	6	1		2*			
	59	Praseodym	Pr	2	2	6	2	6	10	2	6	10	2	2	6	1		2			
	60	Neodym	Nd	2	2	6	2	6	10	2	6	10	3	2	6	1		2*			
	61	Promethium	Pm	2	2	6	2	6	10	2	6	10	4	2	6	1		2*			
	62	Samarium	Sm	2	2	6	2	6	10	2	6	10	5	2	6	1		2*			
	63	Europium	Eu	2	2	6	2	6	10	2	6	10	6	2	6	1		2*			
	64	Gadolinium	Gd	2	2	6	2	6	10	2	6	10	7	2	6	1		2			
	65	Terbium	Tb	2	2	6	2	6	10	2	6	10	8	2	6	1		2			
	66	Dysprosium	Dy	2	2	6	2	6	10	2	6	10	9	2	6	1		2			
	67	Holmium	Ho	2	2	6	2	6	10	2	6	10	10	2	6	1		2			
	68	Erbium	Er	2	2	6	2	6	10	2	6	10	11	2	6	1		2			
	69	Thulium	Tm	2	2	6	2	6	10	2	6	10	12	2	6	1		2*			
	70	Ytterbium	Yb	2	2	6	2	6	10	2	6	10	13	2	6	1		2*			
	71	Lutetium	Lu	2	2	6	2	6	10	2	6	10	14	2	6	1		2			
	72	Hafnium	Hf	2	2	6	2	6	10	2	6	10	14	2	6	2		2			
	73	Tantal	Ta	2	2	6	2	6	10	2	6	10	14	2	6	3		2			
	74	Wolfram	W	2	2	6	2	6	10	2	6	10	14	2	6	4		2			
	75	Rhenium	Re	2	2	6	2	6	10	2	6	10	14	2	6	5		2			
	76	Osmium	Os	2	2	6	2	6	10	2	6	10	14	2	6	6		2			
	77	Iridium	Ir	2	2	6	2	6	10	2	6	10	14	2	6	7		2			
	78	Platin	Pt	2	2	6	2	6	10	2	6	10	14	2	6	8		2*			
	79	Gold	Au	2	2	6	2	6	10	2	6	10	14	2	6	9		2*			
	80	Quecksilber	Hg	2	2	6	2	6	10	2	6	10	14	2	6	10		2			
	81	Thallium	Tl	2	2	6	2	6	10	2	6	10	14	2	6	10		2	1		
	82	Blei	Pb	2	2	6	2	6	10	2	6	10	14	2	6	10		2	2		
	83	Bismut	Bi	2	2	6	2	6	10	2	6	10	14	2	6	10		2	3		
	84	Polonium	Po	2	2	6	2	6	10	2	6	10	14	2	6	10		2	4		
	85	Astat	At	2	2	6	2	6	10	2	6	10	14	2	6	10		2	5		
	86	Radon	Rn	2	2	6	2	6	10	2	6	10	14	2	6	10		2	6		
7	87	Francium	Fr	2	2	6	2	6	10	2	6	10	14	2	6	10		2	6		1
	88	Radium	Ra	2	2	6	2	6	10	2	6	10	14	2	6	10		2	6		2
	89	Actinium	Ac	2	2	6	2	6	10	2	6	10	14	2	6	10		2	6	1	2
	90	Thorium	Th	2	2	6	2	6	10	2	6	10	14	2	6	10	1	2	6	1	2*
	91	Protactinium	Pa	2	2	6	2	6	10	2	6	10	14	2	6	10	2	2	6	1	2*
	92	Uran	U	2	2	6	2	6	10	2	6	10	14	3	6	10	3	2	6	1	2*
	93	Neptunium	Np	2	2	6	2	6	10	2	6	10	14	2	6	10	4	2	6	1	2*
	94	Plutonium	Pu	2	2	6	2	6	10	2	6	10	14	2	6	10	5	2	6	1	2*
	95	Americium	Am	2	2	6	2	6	10	2	6	10	14	2	6	10	6	2	6	1	2*
	96	Curium	Cm	2	2	6	2	6	10	2	6	10	14	2	6	10	7	2	6	1	2*
	97	Berkelium	Bk	2	2	6	2	6	10	2	6	10	14	2	6	10	8	2	6	1	2*
	98	Californium	Cf	2	2	6	2	6	10	2	6	10	14	2	6	10	9	2	6	1	2*
	99	Einsteinium	Es	2	2	6	2	6	10	2	6	10	14	2	6	10	10	2	6	1	2*
	100	Fermium	Fm	2	2	6	2	6	10	2	6	10	14	2	6	10	11	2	6	1	2*
	101	Mendelevium	Md[1]	2	2	6	2	6	10	2	6	10	14	2	6	10	12	2	6	1	2*
	102	Nobelium	No[1]	2	2	6	2	6	10	2	6	10	14	2	6	10	13	2	6	1	2*
	103	Lawrencium	Lr[1]	2	2	6	2	6	10	2	6	10	14	2	6	10	14	2	6	1	2*
	104	Rutherfordium	Rf[1]	2	2	6	2	6	10	2	6	10	14	2	6	10	14	2	6	2	2*
	105	Dubnium	Db[1]	2	2	6	2	6	10	2	6	10	14	2	6	10	14	2	6	3	2*

Elektronenkonfiguration der Atome

[1] IUPAC-Empfehlung für Namen und Symbole (1997)

Anorganische Stoffe (zers.: zersetzlich; subl.: sublimiert, [1] bei 101,3 kPa)

Name	Symbol/ Formel	Molare Masse M in $g \cdot mol^{-1}$ (gerundet)	Aggregat-zustand bei 25 °C	Dichte ϱ in $g \cdot cm^{-3}$ bei 25 °C (* bei 0 °C)	Schmelz-temperatur[1] ϑ_S in °C	Siede-temperatur[1] ϑ_V in °C
Aluminium	Al	27	s	2,70	660	2450
Aluminiumbromid	$AlBr_3$	267	s	3,01	97,5	257
Aluminiumchlorid	$AlCl_3$	133	s	2,44	192,5 (u. Druck)	subl. bei 180
Aluminiumhydroxid	$Al(OH)_3$	78	s	2,42	zers. ab 170	–
Aluminiumiodid	AlI_3	408	s	3,89	191	386
Aluminiumoxid	Al_2O_3	102	s	3,90	2045	2980
Aluminiumsulfat	$Al_2(SO_4)_3$	342	s	2,71	zers. ab 600	–
Aluminiumsulfat-18-Wasser	$Al_2(SO_4)_3 \cdot 18\,H_2O$	666	s	1,69	zers. ab 86	–
Ammoniak	NH_3	17	g	0,77 $g \cdot l^{-1}$*	–78	–33
Ammoniumcarbonat-1-Wasser	$(NH_4)_2CO_3 \cdot H_2O$	114	s		zers. ab 58	–
Ammoniumchlorid	NH_4Cl	53,5	s	1,54	–	subl. bei 340
Ammoniumnitrat	NH_4NO_3	80	s	1,73	169	zers. ab 200
Ammoniumsulfat	$(NH_4)_2SO_4$	132	s	1,77	zers. ab 357	–
Antimon	Sb	122	s	6,68	631	1380
Argon	Ar	40	g	1,78 $g \cdot l^{-1}$*	–189	–186
Arsen (grau)	As	75	s	5,72	817 (u. Druck)	subl. bei 613
Arsentrioxid	As_2O_3	198	s	3,86	309	457
Barium	Ba	137	s	3,50	714	1640
Bariumcarbonat	$BaCO_3$	197	s	4,40	zers. ab 1350	–
Bariumchlorid	$BaCl_2$	208	s	3,9	963	1562
Bariumfluorid	BaF_2	175	s	4,9	1287	2260
Bariumhydroxid	$Ba(OH)_2$	171	s	4,5	408	–
Bariumsulfat	$BaSO_4$	233	s	4,48	1350	–
Bismut	Bi	209	s	9,8	271	1560
Blei	Pb	207	s	11,34	327	1740
Blei(II)-chlorid	$PbCl_2$	278	s	5,85	498	954
Blei(II)-iodid	PbI_2	461	s	6,2	402	872
Blei(II)-nitrat	$Pb(NO_3)_2$	331	s	4,53	zers. ab 470	–
Blei(II)-oxid	PbO	223	s	9,53	890	1470
Blei(II, IV)-oxid	Pb_3O_4	685	s	9,10	zers. ab 500	–
Blei(IV)-oxid	PbO_2	239	s	9,37	zers. ab 290	–
Blei(II)-sulfat	$PbSO_4$	303	s	6,2	1170	–
Blei(II)-sulfid	PbS	239	s	7,5	1114	–
Bor	B	11	s	2,3	2030	3900
Brom	Br_2	160	l	3,12	–7	58,7
Bromwasserstoff	HBr	81	g	3,64 $g \cdot l^{-1}$*	–87	–67
Cadmium	Cd	112	s	8,64	321	767
Caesium	Cs	133	s	1,9	29	690
Calcium	Ca	40	s	1,55	838	1490
Calciumbromid	$CaBr_2$	200	s	3,35	730	810
Calciumcarbid	CaC_2	64	s	2,22	≈ 2300	–
Calciumcarbonat	$CaCO_3$	100	s	2,93	zers. ab 825	–
Calciumchlorid	$CaCl_2$	111	s	2,15	772	>1600

Aggregatzustand: s = fest; l = flüssig; g = gasförmig

Name	Symbol/ Formel	Molare Masse M in $g \cdot mol^{-1}$ (gerundet)	Aggregatzustand bei 25 °C	Dichte ϱ in $g \cdot cm^{-3}$ bei 25 °C (* bei 0 °C)	Schmelztemperatur[1] ϑ_S in °C	Siedetemperatur[1] ϑ_V in °C
Calciumhydroxid	$Ca(OH)_2$	74	s	2,23	zers. ab 580	–
Calciumnitrat	$Ca(NO_3)_2$	164	s	2,47	561	–
Calciumoxid	CaO	56	s	3,40	≈ 2 570	2 850
Calciumphosphat	$Ca_3(PO_4)_2$	310	s	3,14	1 670	–
Calciumsulfat	$CaSO_4$	136	s	2,96	1 450	–
Calciumsulfat-2-Wasser	$CaSO_4 \cdot 2\,H_2O$	172	s	2,32	zers. ab 100	–
Chlor	Cl_2	71	g	$3{,}214\ g \cdot l^{-1}$*	–101	–35
Chlorwasserstoff	HCl	36,5	g	$1{,}639\ g \cdot l^{-1}$*	–112	–85
Chrom	Cr	52	s	7,19	≈ 1 900	2 642
Chrom(II)-chlorid	$CrCl_2$	123	s	2,75	815	–
Chrom(III)-chlorid	$CrCl_3$	158	s	2,76	≈ 1 150	subl. bei ≈ 1 300
Chrom(III)-oxid	Cr_2O_3	152	s	5,21	2 437	≈ 3 000
Chrom(VI)-oxid	CrO_3	100	s	2,70	zers. bei 198	–
Chrom(III)-sulfat-18-Wasser	$Cr_2(SO_4)_3 \cdot 18\,H_2O$	716	s	1,86	zers. ab 100	–
Cobalt	Co	59	s	8,90	1 490	≈ 2 900
Cobalt(II)-chlorid	$CoCl_2$	130	s	3,36	727	1 050
Cobalt(II)-oxid	CoO	75	s	5,68	1 935	zers. ab 2 800
Deuterium	D_2	4	g	$0{,}170\ g \cdot l^{-1}$*	–254,6	–249,7
Deuteriumoxid	D_2O	20	l	1,11	3,8	101,4
Eisen	Fe	56	s	7,86	1 540	≈ 3 000
Eisen(III)-chlorid	$FeCl_3$	162	s	2,80	306	zers. ab 315
Eisen(III)-hydroxid	$Fe(OH)_3$	107	s	3,4 … 3,9	zers. ab 500	–
Eisen(II)-nitrat	$Fe(NO_3)_2$	180	s	–	–	–
Eisen(II)-oxid	FeO	72	s	5,70	1 360	–
Eisen(III)-oxid	Fe_2O_3	160	s	5,24	zers. ab 1 560	–
Eisen(II, III)-oxid	Fe_3O_4	231,5	s	5,18	zers. ab 1 538	–
Eisen(II)-sulfat	$FeSO_4$	152	s	2,84	zers.	–
Eisen(III)-sulfat	$Fe_2(SO_4)_3$	400	s	3,10	zers. bei 480	–
Eisen(II)-sulfid	FeS	88	s	4,84	1 195	zers.
Fluor	F_2	38	g	$1{,}69\ g \cdot l^{-1}$*	–220	–188
Fluorwasserstoff	HF	20	g	0,99 (l)	–83	19
Gold	Au	197	s	19,3	1 063	2 970
Helium	He	4	g	$0{,}179\ g \cdot l^{-1}$*	–270	–269
Iod	I_2	254	s	4,94	114	182,8
Iodwasserstoff	HI	128	g	$5{,}79\ g \cdot l^{-1}$*	–51	–35
Kalium	K	39	s	0,86	64	760
Kaliumbromid	KBr	119	s	2,75	734	1 382
Kaliumcarbonat	K_2CO_3	138	s	2,43	897	zers.
Kaliumchlorat	$KClO_3$	122,5	s	2,32	368	zers. ab 400
Kaliumchlorid	KCl	74,5	s	1,98	770	1 405
Kaliumchromat	K_2CrO_4	194	s	2,73	975	zers.
Kaliumcyanid	KCN	65	s	1,52	623	–
Kaliumdichromat	$K_2Cr_2O_7$	294	s	2,69	395	zers. ab 500
Kaliumfluorid	KF	58	s	2,48	857	1 502
Kaliumhydroxid	KOH	56	s	2,04	360	1 327
Kaliumiodid	KI	166	s	3,13	682	1 324
Kaliumnitrat	KNO_3	101	s	2,11	339	zers. ab 400
Kaliumnitrit	KNO_2	85	s	1,91	zers. ab 350	–
Kaliumpermanganat	$KMnO_4$	158	s	2,70	zers. ab 240	–
Kaliumphosphat	K_3PO_4	112	s	2,56	1 340	–
Kaliumsulfat	K_2SO_4	174	s	2,66	1 074	1 688

……▶

Name	Symbol/ Formel	Molare Masse M in $g \cdot mol^{-1}$ (gerundet)	Aggregat-zustand bei 25 °C	Dichte ϱ in $g \cdot cm^{-3}$ bei 25 °C (* bei 0 °C)	Schmelz-tempe-ratur[1] ϑ_S in °C	Siede-tempe-ratur[1] ϑ_V in °C
Kohlenstoff (Diamant)	C	12	s	3,51	ab 3 550	4 830
Kohlenstoff (Graphit)	C	12	s	2,26	3 730	4 830
Kohlenstoffdioxid	CO_2	44	g	$1{,}977\ g \cdot l^{-1}$*	–57 (u. Druck)	subl. bei –79
Kohlenstoffdisulfid	CS_2	76	l	1,26	–112	46
Kohlenstoffmonooxid	CO	28	g	$1{,}250\ g \cdot l^{-1}$*	–205	–192
Krypton	Kr	84	g	$3{,}71\ g \cdot l^{-1}$*	–157	–152
Kupfer	Cu	63,5	s	8,96	1 083	2 600
Kupfer(I)-chlorid	CuCl	99	s	3,53	432	1 490
Kupfer(II)-chlorid	$CuCl_2$	134,5	s	3,05	498	zers. ab 990
Kupfer(I)-iodid	CuI	190,5	s	5,65	602	1 336
Kupfer(II)-nitrat	$Cu(NO_3)_2$	187,5	s	–	–	–
Kupfer(I)-oxid	Cu_2O	143	s	6,0	1 232	zers. ab 1 800
Kupfer(II)-oxid	CuO	79,5	s	6,45	zers. ab 1 026	–
Kupfer(II)-sulfat	$CuSO_4$	159,5	s	3,61	200	zers. ab 650
Kupfer(II)-sulfat-5-Wasser	$CuSO_4 \cdot 5\ H_2O$	249,5	s	2,3	zers. ab 250	–
Kupfer(I)-sulfid	Cu_2S	159	s	5,8	1 130	–
Kupfer(II)-sulfid	CuS	95,5	s	4,6	zers. ab 200	–
Lithium	Li	7	s	0,534	180	1 372
Lithiumhydrid	LiH	8	s	0,82	680	–
Magnesium	Mg	24	s	1,74	650	1 110
Magnesiumbromid	$MgBr_2$	184	s	3,72	711	1 230
Magnesiumcarbonat	$MgCO_3$	84	s	3,04	zers. ab 350	–
Magnesiumchlorid	$MgCl_2$	95	s	2,32	712	1 420
Magnesiumhydroxid	$Mg(OH)_2$	58	s	2,4	zers. ab 350	–
Magnesiumnitrat	$Mg(NO_3)_2$	148	s	–	–	–
Magnesiumoxid	MgO	40	s	3,65	2 800	3 600
Magnesiumphosphat	$Mg_3(PO_4)_2$	263	s	2,1	1 184	–
Magnesiumsulfat	$MgSO_4$	120	s	2,66	1 127	–
Mangan	Mn	55	s	7,43	1 244	≈ 2 100
Mangan(II)-chlorid	$MnCl_2$	126	s	2,98	650	1 190
Mangan(IV)-oxid	MnO_2	87	s	5,03	535	zers.
Mangan(II)-sulfat	$MnSO_4$	151	s	3,18	700	zers. bei 850
Natrium	Na	23	s	0,97	98	892
Natriumbromid	NaBr	103	s	3,21	747	1 390
Natriumcarbonat	Na_2CO_3	106	s	2,53	852	zers. ab 1 600
Natriumcarbonat-10-Wasser	$Na_2CO_3 \cdot 10\ H_2O$	286	s	1,46	33	–
Natriumchlorid	NaCl	58,5	s	2,16	800	1 465
Natriumfluorid	NaF	42	s	2,79	992	1 704
Natriumhydrogen-carbonat	$NaHCO_3$	84	s	2,159	270	zers. ab 65
Natriumhydrogen-phosphat-7-Wasser	$NaHPO_4 \cdot 7\ H_2O$	286	s	1,678	48	–
Natriumhydroxid	NaOH	40	s	2,13	322	1 390
Natriumiodid	NaI	150	s	3,67	662	1 305
Natriumnitrat	$NaNO_3$	85	s	2,25	310	zers. ab 380
Natriumnitrit	$NaNO_2$	69	s	2,17	271	zers. bei 320
Natriumphosphat	Na_3PO_4	164	s	2,5	1 340	–
Natriumphosphat-12-Wasser	$Na_3PO_4 \cdot 12\ H_2O$	380	s	1,62	zers. ab 73,4	–
Natriumsulfat	Na_2SO_4	142	s	2,69	884	–
Natriumthiosulfat-5-Wasser	$Na_2S_2O_5 \cdot 5\ H_2O$	216	s	1,5	zers.	–
Neon	Ne	20	g	$0{,}899\ g \cdot l^{-1}$*	–249	–246
Nickel	Ni	59	s	8,90	1 450	2 730

Name	Symbol/ Formel	Molare Masse M in $g \cdot mol^{-1}$ (gerundet)	Aggregatzustand bei 25 °C	Dichte ϱ in $g \cdot cm^{-3}$ bei 25 °C (* bei 0 °C)	Schmelztemperatur[1] ϑ_S in °C	Siedetemperatur[1] ϑ_V in °C
Osmium	Os	190	s	22,59	2500	>3300
Ozon	O_3	48	g	2,14 $g \cdot l^{-1}$*	–193	–111
Perchlorsäure	$HClO_4$	100,5	l	1,76	–112	zers.
Phosphor (weiß)	P	31	s	1,82	44	280
Phosphor(V)-oxid	P_2O_5	142	s	2,40	566	subl. bei 358
Phosphorsäure	H_3PO_4	98	s	1,88	42	zers. ab 213
Platin	Pt	195	s	21,45	1770	3825
Quecksilber	Hg	200,5	l	13,53	–39	357
Quecksilber(I)-chlorid	Hg_2Cl_2	472	s	7,15	302	384
Quecksilber(II)-chlorid	$HgCl_2$	271,5	s	5,42	277	304
Quecksilber(II)-oxid	HgO	216,5	s	11,14	zers. ab 500	–
Salpetersäure	HNO_3	63	l	1,51	–47	86
Sauerstoff	O_2	32	g	1,429 $g \cdot l^{-1}$*	–219	–183
Schwefel (amorph)	S	32	s	1,92	120	444,6
Schwefel (monoklin)	S	32	s	1,96	119	444,6
Schwefel (rhombisch)	S	32	s	2,07	113	444,6
Schwefeldioxid	SO_2	64	g	2,926 $g \cdot l^{-1}$*	–76	–10
Schwefelsäure	H_2SO_4	98	l	1,83	11	zers. ab 338
Schwefeltrioxid (α)	SO_3	80	l	1,99	17	45
Schwefelwasserstoff	H_2S	34	g	1,539 $g \cdot l^{-1}$*	–86	–60
Selen (grau)	Se	79	s	4,79	217	685
Silber	Ag	108	s	10,50	961	2212
Silberbromid	AgBr	188	s	6,47	430	zers. ab 700
Silberchlorid	AgCl	143	s	5,56	455	1554
Silberiodid	AgI	235	s	5,71	557	1506
Silbernitrat	$AgNO_3$	170	s	4,35	209	zers. ab 444
Silicium	Si	28	s	2,33	1410	2680
Siliciumdioxid (Quarz)	SiO_2	60	s	2,65	≈1470	2590
Stickstoff	N_2	28	g	1,251 $g \cdot l^{-1}$*	–210	–195,8
Stickstoffdioxid	NO_2	46	g	1,49	–11	21
Stickstoffmonooxid	NO	30	g	1,340 $g \cdot l^{-1}$*	–164	–152
Stickstoffpentaoxid	N_2O_5	108	g	1,64	30	47
Stickstofftrioxid	N_2O_3	76	g	1,45	–102	zers. bei 3,5
Strontium	Sr	88	s	2,58	757	1364
Wasser	H_2O	18	l	1,0	0	100
Wasserstoff	H_2	2	g	0,0899 $g \cdot l^{-1}$*	–259,3	–252,8
Wasserstoffperoxid	H_2O_2	34	l	1,46	–2	152
Xenon	Xe	131	g	5,89 $g \cdot l^{-1}$*	–112	–108,0
Zink	Zn	65	s	7,14	419	906
Zinkbromid	$ZnBr_2$	225	s	4,22	394	650
Zinkchlorid	$ZnCl_2$	136	s	2,90	318	732
Zinknitrat-6-Wasser	$Zn(NO_3)_2 \cdot 6\,H_2O$	297,5	s	2,07	36,4	zers. ab 105
Zinkoxid	ZnO	81,5	s	5,47	1975 (u. Druck)	subl. bei 1800
Zinn (weiß)	Sn	119	s	7,28	232	2350
Zinn(IV)-oxid	SnO_2	151	s	6,95	1900	subl. > 1800

Organische Stoffe (zers.: zersetzlich; subl.: sublimiert; [1] bei 101,3 kPa)

Name	Formel	Molare Masse M in $g \cdot mol^{-1}$ (gerundet)	Aggregat-zustand bei 25 °C	Dichte ϱ in $g \cdot cm^{-3}$ bei 25 °C (* bei 0 °C)	Schmelz-tempe-ratur[1] ϑ_S in °C	Siede-tempe-ratur[1] ϑ_V in °C
Acrylnitril	$CH_2=CH-CN$	53	l	0,81	–82	78
Aminobenzol (Anilin)	–NH_2	93	l	1,02	–6,2	184,4
2-Amino-ethansäure (Glycin)	$CH_2(NH_2)-COOH$	75	s	1,16	zers. ab 232	–
2-Amino-propan-säure (Alanin)	$CH_3-CH(NH_2)-COOH$	89	s	–	zers. ab 297	–
Anthracen	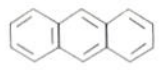	178	s	1,242	216	340
Benzaldehyd	–CHO	106	l	1,05	–26	178
Benzoesäure	–COOH	122	s	1,27 (15 °C)	121,7	249
Benzol (Benzen)		78	l	0,88	5,49	80,1
Benzolsulfonsäure	–SO_3H	158	s	–	≈60	–
Brenztraubensäure (2-Ketopropansäure)	$CH_3-C-COOH$ ‖ O	88	l	1,26	11	165
Biphenyl	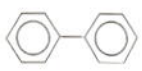	154	s	0,9896 (77 °C)	69	255
Brombenzol	–Br	157	l	1,495	–30,6	155,6
Bromethan	CH_3-CH_2-Br	109	l	1,46	–119	38,4
Brommethan	CH_3-Br	95	g	1,73 (0 °C)	–93,3	4,6
1,3-Butadien	$CH_2=CH-CH=CH_2$	54	g	0,65 (–6 °C)	–113	–4,75
Butan	$CH_3-(CH_2)_2-CH_3$	58	g	2,703 $g \cdot l^{-1}$*	–135	–0,5
1-Butanol	$CH_3-(CH_2)_3-OH$	74	l	0,81	–89	117
2-Butanol	$CH_3-CH-CH_2-CH_3$ | OH	74	l	0,81	–114	99
Butansäure (Buttersäure)	C_3H_7-COOH	88	l	0,96	–4,7	164
Butansäureethylester	$C_3H_7-COO-C_2H_5$	116	l	0,879 (20°C)	–93,3	120
Chlorbenzol	–Cl	113	l	1,10	–45	132
Chlorethan	CH_3-CH_2-Cl	64,5	g	0,92 (6 °C)	–136,4	12,3
Chlorethen (Vinylchlorid)	$CH_2=CH-Cl$	62,5	g	0,97 (–13 °C)	–159,7	–13,5
Chlormethan	CH_3Cl	50,5	g	2,31 $g \cdot l^{-1}$*	–97	–23,7
Citronensäure	CH_2-COOH | $HO-C-COOH$ | CH_2-COOH	192	s	1,54	153	zers.
Cyclohexan	C_6H_{12}	84	l	0,779	6,6	80,8
Cyclohexen	C_6H_{10}	82	l	0,81	–104	83
1,2-Dibromethan	$Br-CH_2-CH_2-Br$	188	l	2,18	10	131,6
1,2-Dichlorbenzol	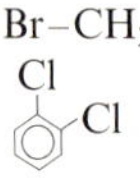	147	l	1,31	–17,5	179,2
1,3-Dichlorbenzol	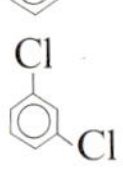	147	l	1,29	–24,4	172
1,4-Dichlorbenzol		147	s	1,26 (55 °C)	54	173,7
Dichlordifluormethan (Freon 12)	CCl_2F_2	121	g	1,468 (–30°C)	–158	–30

Aggregatzustand: s = fest; l = flüssig; g = gasförmig

Name	Formel	Molare Masse M in $g \cdot mol^{-1}$ (gerundet)	Aggregatzustand bei 25 °C	Dichte ϱ in $g \cdot cm^{-3}$ bei 25 °C (* bei 0 °C)	Schmelztemperatur[1] ϑ_S in °C	Siedetemperatur[1] ϑ_V in °C
1,2-Dichlorethan	$Cl–CH_2–CH_2–Cl$	99	l	1,26	–35,5	83,7
Dichlormethan	$Cl–CH_2–Cl$	85	l	1,34	–96,7	40,7
Diethylether	$C_2H_5–O–C_2H_5$	74	l	0,714	–116,3	34,5
1,2-Dihydroxybenzol (Benzcatechin)	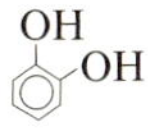	110	s	1,344	103	246
1,3-Dihydroxybenzol (Resorcin)	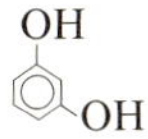	110	s	1,271 (15 °C)	110	280
1,4-Dihydroxybenzol (p-Hydrochinon)	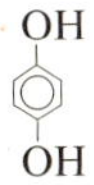	110	s	1,358	170	286
1,2-Dimethylbenzol (o-Xylol)	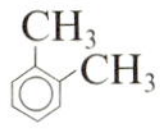	106	l	0,875	–25	144
1,3-Dimethylbenzol (m-Xylol)	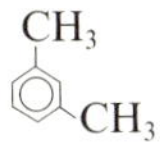	106	l	0,864	–48	139
1,4-Dimethylbenzol (p-Xylol)	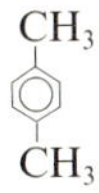	106	l	0,861	13	138
Ethan	$CH_3–CH_3$	30	g	$1{,}356\ g \cdot l^{-1}$*	–183,2	–88,5
Ethanal (Acetaldehyd)	CH_3CHO	44	g	0,788 (13 °C)	–123	20,2
Ethanol	C_2H_5OH	46	l	0,79	–114,2	78,4
Ethansäure (Essigsäure)	CH_3COOH	60	l	1,05	16,6	118,1
Ethansäureethylester	$CH_3–COO–C_2H_5$	88	l	0,899	–83,6	77,1
Ethansäuremethylester	$CH_3–COO–CH_3$	74	l	0,92	–98	56,9
Ethen (Ethylen)	$CH_2{=}CH_2$	28	g	$1{,}260\ g \cdot l^{-1}$*	–169,5	–103,9
Ethin (Acetylen)	$CH{\equiv}CH$	26	g	$1{,}17\ g \cdot l^{-1}$*	–81,8	–83,8
Ethylbenzol	$–CH_2–CH_3$	106	l	0,87	–93,9	136,2
Ethylenglykol (Glykol)	$HO–CH_2–CH_2–OH$	62	l	1,113	–12,9	197,8
Furan		68	l	0,94	–86	32
Glucose (Traubenzucker)	$C_6H_{12}O_6$	180	s	1,54	146	zers. ab 200
Glycerin (Gycerol)	$CH_2–CH–CH_2$ | | | OH OH OH	92	l	1,26	18	zers. bei 290
Harnstoff	$CO(NH_2)_2$	60	s	1,34	132,7	zers.
Heptan	$CH_3–(CH_2)_5–CH_3$	100	l	0,68	–90	98
1-Hepten	$CH_2{=}CH–(CH_2)_4–CH_3$	98	l	0,70	–119	94
Hexachlorcyclohexan (Lindan)	$C_6H_6Cl_6$	291	s	1,85	113	323
Hexadekansäure (Palmitinsäure)	$CH_3–(CH_2)_{14}–COOH$	256	s	0,85 (62 °C)	62,6	219 (2,7 kPa)
Hexan	$CH_3–(CH_2)_4–CH_3$	86	l	0,659	–94,3	68,7
1-Hexen	C_6H_{12}	84	l	0,6732	–139,8	63,5
1-Hexin	C_6H_{10}	82	l	0,719 (15 °C)	–124	71,5
2-Hydroxybenzoesäure (Salicylsäure)		138	s	1,44	159	sub. zers. 200 °C
Isopropylbenzol (Cumol)	$C_6H_5–CH(CH_3)_2$	120	l	0,86	–97	153

Name	Formel	Molare Masse M in $g \cdot mol^{-1}$ (gerundet)	Aggregatzustand bei 25 °C	Dichte ϱ in $g \cdot cm^{-3}$ bei 25 °C (* bei 0 °C)	Schmelztemperatur[1] ϑ_S in °C	Siedetemperatur[1] ϑ_V in °C
Methan	CH_4	16	g	$0{,}717\ g \cdot l^{-1}$*	−182,5	−161,4
Methanal (Formaldehyd)	$HCHO$	30	g	0,82 (−20 °C)	−92	−21
Methanol	CH_3OH	32	l	0,79	−97,7	64,7
Methansäure (Ameisensäure)	$HCOOH$	46	l	1,22	8,4	100,5
Methylbenzol (Toluol)	$-CH_3$	92	l	0,87 (15 °C)	−95,3	110,8
2-Methylpropan (Isobutan)	$(CH_3)_2-CH-CH_3$	58	g	$2{,}67\ g \cdot l^{-1}$*	−145	−11,7
2-Methyl-2-propanol	$(CH_3)_3C-OH$	74	l	0,78	24	82
Milchsäure (2-Hydroxypropansäure)	$CH_3-CH-COOH$ | OH	90	l	1,21	18	119 zers.
Naphthalin	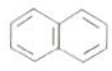	128	s	1,168 (22 °C)	80,4	217,9
Nitrobenzol	$-NO_2$	123	l	1,20	5,7	210,9
Octadecansäure (Stearinsäure)	$CH_3-(CH_2)_{16}-COOH$	284,5	s	0,84 (80 °C)	69,4	291 (u. Druck)
Octadecen-(9)-säure (Ölsäure)	$C_{17}H_{33}COOH$	282,5	l	0,89 (25 °C)	14	205
Octan	$CH_3-(CH_2)_6-CH_3$	114	l	0,7024	−56,5	125,8
Oxalsäure (Ethandisäure)	$HOOC-COOH$	90	s	1,901 (25 °C)	189,5	subl.
Pentan	$CH_3-(CH_2)_3-CH_3$	72	l	0,6337 (15 °C)	−129,7	36,2
Phenol	$-OH$	94	s	1,05 (45 °C)	41	181,4
Phthalsäure		166	s	1,59	210	zers. ab 231
Propan	$CH_3-CH_2-CH_3$	44	g	$2{,}01\ g \cdot l^{-1}$*	−187,1	−42,1
1-Propanol	$CH_3-(CH_2)_2-OH$	60	l	0,8035	−126	97,2
2-Propanol	$CH_3-CH-CH_3$ | OH	60	l	0,7854	−89,5	82
Propanon (Aceton)	$CH_3-CO-CH_3$	58	l	0,79	−95	56,1
Propen (Propylen)	$CH_3-CH=CH_2$	42	g	$1{,}937\ g \cdot l^{-1}$*	−185,2	−47,7
Propin	$CH_3-C \equiv CH$	40	g	$1{,}787\ g \cdot l^{-1}$*	−102	−23,3
Terephthalsäure	$HOOC-$$-COOH$	166	s	1,51	subl.	subl. bei ≈ 300
Tetrachlormethan (Tetrachlorkohlenstoff)	CCl_4	154	l	1,60	−22,9	76,7
Thiophen		84	l	1,06	−38	84
Trichlormethan (Chloroform)	$CHCl_3$	119,5	l	1,50 (15 °C)	−63,5	61,2
Triiodmethan (Iodoform)	CHI_3	394	s	4,008 (17 °C)	119	subl.
1,3,5-Trimethylbenzol	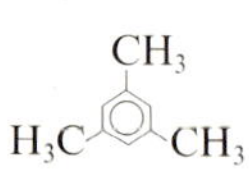	120	l	0,86	−44	164
2,2,4-Trimethylpentan (Isooctan)	$(CH_3)_3C-CH_2-CH(CH_3)_2$	114	l	0,69	−107	99
Vinylbenzol (Styrol)	$-CH=CH_2$	104	l	0,91	−31	145

Nährstoffanteil und Energiegehalt einiger Nahrungsmittel

Nahrungsmittel	Massenanteil in %			Energiegehalt je 100 g	
	Kohlenhydrate	Fette	Eiweiße	in kJ	in kcal
Hühnerei	0,7	11,5	12,8	678	162
Trinkmilch, 3,5 % Fett	4,6	3,7	3,2	268	64
Buttermilch	4,0	0,5	3,5	151	36
Jogurt, 1,5 % Fett	4,7	1,6	4,8	297	71
Saure Sahne, 10 % Fett	4,0	10,5	3,1	531	127
Schlagsahne, mind. 30 % Fett	3,4	31,7	2,4	1326	317
Emmentaler, 45 % F.i.Tr.	2,0	30	28,7	1715	410
Sauermilchkäse (Harzer)	0,6	0,7	30	590	141
Speisequark, mager	4,1	0,25	13,5	322	77
Hammelfleisch, Keule	+	18	18	1046	250
Kalbfleisch, Keule	+	1,6	20,7	444	106
Rindfleisch, Filet	+	4,4	19,2	511	122
Schweinefleisch, Schulter	+	22,5	17,0	1209	289
Rehfleisch, Rücken	+	3,5	22,4	556	133
Entenfleisch	+	17,2	18,1	1017	243
Hühnerfleisch, Brust	+	0,9	22,8	456	109
Salami	+	49,7	17,8	2301	550
Leberwurst	0,9	41,2	12,4	1883	450
Wiener Würstchen	+	20,8	14,9	1105	264
Aal	+	24,5	15,0	1251	299
Forelle	+	2,1	19,2	423	101
Hering	+	14,9	18,2	929	222
Karpfen	+	4,8	18	523	125
Ölsardinen	+	13,9	24,2	983	235
Butter	0,7	81,0	0,6	2996	716
Speiseöl	0	99,8	0	3883	928
Schweineschmalz	0	99,7	+	3962	947
Haferflocken	66,4	7,0	13,5	1695	405
Reis, poliert	78,7	0,6	7,0	1540	368
Eierteigwaren (Nudeln)	72,4	2,9	13,0	1632	390
Weizenmehl, Type 405	74	0,98	10,6	1540	368
Brötchen	58	0,5	6,8	1126	269
Roggenmischbrot	51,2	1,1	6,8	1071	256
Knäckebrot	77,2	1,4	10,1	1602	383
Blumenkohl	3,9	0,3	2,5	117	28
Bohnen, grün	5,0	0,3	2,2	138	33
Gurke	1,3	0,2	0,6	42	10
Kohlrabi	4,4	0,1	1,9	109	26
Kopfsalat	2,2	0,2	1,2	67	16
Linsen, getrocknet	56,2	1,4	23,5	1481	354
Möhren	7,3	0,2	1,0	146	35
Sellerie	7,4	0,3	1,5	159	38
Tomaten	3,3	0,2	0,9	79	19
Kartoffeln	17,7	0,1	2,1	318	76
Apfel	12,6	0,4	0,3	230	55
Banane	22,2	0,2	1,1	356	85
Kirschen, süß	15,1	0,4	0,9	280	67
Backobst	69,4	0,6	2,3	1213	290
Haselnüsse	13,7	61,6	14,1	2904	694
Honig	82,3	0	0,3	1272	304
Marmelade	63,7	0,3	0,7	1075	257
Milchschokolade	54,7	32,8	9,1	2356	563
Bier (Vollbier)	3,7	0	0,5	201	48
Orangensaft, 100 % Fruchtanteil	10,9	0,2	0,6	205	49

\+ nur in Spuren enthalten; F.i.Tr. Fett in der Trockenmasse

Chemische Zeichen und Namen von Ionen

Chemisches Zeichen	Name	Chemisches Zeichen	Name	Chemisches Zeichen	Name
NH_4^+	Ammonium-Ion	SO_4^{2-}	Sulfat-Ion	PO_4^{3-}	Phosphat-Ion
F^-	Fluorid-Ion	HSO_4^-	Hydrogensulfat-Ion	HPO_4^{2-}	Hydrogen-phosphat-Ion
Cl^-	Chlorid-Ion	SO_3^{2-}	Sulfit-Ion		
Br^-	Bromid-Ion	HSO_3^-	Hydrogensulfit-Ion	$H_2PO_4^-$	Dihydrogen-phosphat-Ion
I^-	Iodid-Ion	NO_3^-	Nitrat-Ion		
O^{2-}	Oxid-Ion	NO_2^-	Nitrit-Ion	ClO_2^-	Chlorit-Ion
OH^-	Hydroxid-Ion	CO_3^{2-}	Carbonat-Ion	ClO_3^-	Chlorat-Ion
H^-	Hydrid-Ion	HCO_3^-	Hydrogen-carbonat-Ion	ClO_4^-	Perchlorat-Ion
H^+	Wasserstoff-Ion			S^{2-}	Sulfid-Ion
H_3O^+	Hydronium-Ion	CN^-	Cyanid-Ion	HS^-	Hydrogensulfid-Ion
		CrO_4^{2-}	Chromat-Ion	$HCOO^-$	Formiat-Ion
				CH_3COO^-	Acetat-Ion

Griechische Zahlwörter in der chemischen Nomenklatur

Ziffer	Zahlwort	Ziffer	Zahlwort	Ziffer	Zahlwort
1/2	hemi	7	hepta	14	tetradeca
1	mono	8	octa	15	pentadeca
2	di, bis	9	nona	16	hexadeca
3	tri	10	deca	17	heptadeca
4	tetra	11	undeca	18	octadeca
5	penta	12	dodeca	19	enneadeca
6	hexa	13	trideca	20	eicosa

Namen und allgemeine Formeln von organischen Verbindungen

Kohlenwasserstoffe		
Name	**Allgemeine Formel**	**Strukturmerkmal**
Alkane	C_nH_{2n+2}	$-\overset{\vert}{\underset{\vert}{C}}-\overset{\vert}{\underset{\vert}{C}}-$
Alkene	C_nH_{2n}	$>C=C<$
Alkine	C_nH_{2n-2}	$-C \equiv C-$
Diene	C_nH_{2n-2}	$>C=\underset{\vert}{C}-\overset{\vert}{C}=C<$
Cycloalkane	C_nH_{2n}	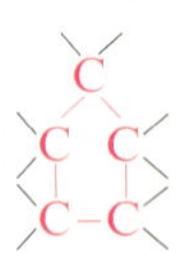

Verbindungen mit funktionellen Gruppen im Molekül R, R′: Kohlenwasserstoffreste	
Name	**Allgemeine Formel**
Alkohole	R–OH
Aldehyde	R–C(=O)–H
Ether	R–O–R′
Ketone	R–C(=O)–R′
Carbonsäuren	R–C(=O)–OH
Ester	R–C(=O)–O–R′
Amine	$R{-}NH_2$
Nitrile	R–C≡N
Sulfonsäuren	$R{-}SO_3H$

Einteilung des Wassers nach Härtebereichen

Wasserhärte in °d	0 … 7	7 … 14	14 … 21	> 21
Härtebereich	1 = weich	2 = mittel	3 = hart	4 = sehr hart
Bedeutung	1 °d ≙ $\beta(CaO) = 10\ mg \cdot l^{-1}$		1 °d ≙ $c(Ca^{2+}) = 0{,}178\ mmol \cdot l^{-1}$	

Massenanteil und Dichte von sauren und alkalischen Lösungen

Lösung	Verdünnte Lösung * gesättigte Lösung bei 20 °C			Konzentrierte Lösung		
	Massenanteil in %	Dichte bei 20 °C in $g \cdot cm^{-3}$	Stoffmengenkonzentration in $mol \cdot l^{-1}$	Massenanteil in %	Dichte bei 20 °C in $g \cdot cm^{-3}$	Stoffmengenkonzentration in $mol \cdot l^{-1}$
Salzsäure	7	1,033	2	37	1,18	12
Schwefelsäure	9	1,059	1	96	1,83	17,97
Salpetersäure	12	1,066	2	65	1,39	14,35
Phosphorsäure	10	1,05	1,1	85	1,71	14,65
Essigsäure	12	1,015	2,1	98	1,05	17,22
Natronlauge	8	1,087	2,2	32	1,35	11,21
Kalilauge	11	1,1	2,2	27	1,26	6,12
Kalkwasser	0,12*	1,001*	0,017*			
Barytwasser	1,8*	1,04*	0,11*			
Ammoniaklösung	3	0,981	1,7	25	0,91	13,35

pH-Werte von Lösungen

pH-Wert	0 1 2	3 4 5 6	7	8 9 10	11 12 13 14
Eigenschaft der Lösung	stark sauer	schwach sauer	neutral	schwach alkalisch	stark alkalisch
Stoffmengenkonzentration von Hydronium-Ionen und Hydroxid-Ionen	$c(H_3O^+) > c(OH^-)$		$c(H_3O^+) = c(OH^-)$	$c(H_3O^+) < c(OH^-)$	

Umschlagsbereiche für Säure-Base-Indikatoren

Indikator	pH-Wert-Bereich des Farbumschlages	Farbe des Indikators	
		unterer pH-Wert	oberer pH-Wert
Thymolblau 1. Stufe	1,2 … 2,8	rot	gelb
Methylgelb	2,4 … 4,0	rot	gelb
Methylorange	3,0 … 4,4	rot	gelborange
Methylrot	4,4 … 6,2	rosa	gelb
Lackmus	5,0 … 8,0	rot	blau
Bromthymolblau	6,0 … 7,6	gelb	blau
Thymolblau 2. Stufe	8,0 … 9,6	gelb	blau
Phenolphthalein	8,3 … 10,0	farblos	rot
Alizaringelb	10,1 … 12	gelb	orangebraun

Löslichkeit einiger Salze in Wasser

Angabe in den weißen Feldern:
100 g Wasser lösen *a* g Salz bis zur Sättigung bei 101,3 kPa und 20 °C.

Ionen	Cl^-	Br^-	I^-	NO_3^-	S^{2-}	SO_4^{2-}	CO_3^{2-}	PO_4^{3-}
Na^+	36	91	179	88	19	19	22	12
K^+	34	66	144	32	–	11	112	23
NH_4^+	37	74	172	188	–	75	100	20
Mg^{2+}	54	102	148	71	–	36	$2 \cdot 10^{-1}$	–
Ca^{2+}	75	142	204	127	–	$2 \cdot 10^{-1}$	$2 \cdot 10^{-3}$	$2 \cdot 10^{-2}$
Ba^{2+}	36	104	170	9	–	$3 \cdot 10^{-4}$	$2 \cdot 10^{-3}$	–
Cu^{2+}	77	122	–	122	$3 \cdot 10^{-3}$	21	–	–
Ag^+	$2 \cdot 10^{-4}$	$1 \cdot 10^{-5}$	$3 \cdot 10^{-7}$	218	$1 \cdot 10^{-5}$	$8 \cdot 10^{-1}$	$3 \cdot 10^{-3}$	–
Zn^{2+}	367	447	432	118	–	54	$2 \cdot 10^{-2}$	–
Pb^{2+}	1	$9 \cdot 10^{-1}$	$7 \cdot 10^{-2}$	52	$9 \cdot 10^{-5}$	$4 \cdot 10^{-3}$	$1 \cdot 10^{-4}$	$1 \cdot 10^{-7}$
Fe^{2+}	62	–	–	–	$6 \cdot 10^{-4}$	27	–	–
Al^{3+}	46	–	–	75	–	36	–	–

Löslichkeit einiger Gase in Wasser

Die Löslichkeit wird in g Gas je kg Wasser bei 101,3 kPa angegeben.

Gas		Temperatur in °C					
Name	Chemisches Zeichen	0	20	25	40	60	80
Helium	He	0,0017	0,0015	0,0015	0,0014	0,0013	
Argon	Ar	0,099	0,059	0,053	0,042	0,030	
Wasserstoff	H_2	0,0019	0,0016	0,0015	0,0014	0,0012	0,0008
Stickstoff	N_2	0,0294	0,0190	0,0175	0,0139	0,0105	0,0066
Sauerstoff	O_2	0,0694	0,0434	0,0393	0,0308	0,0227	0,0138
Chlor	Cl_2	5,0	7,25	6,41	4,59	3,30	2,23
Ammoniak	NH_3	897	529	480	316	168	65
Schwefelwasserstoff	H_2S	7,07	3,85	3,38	2,36	1,48	0,77
Schwefeldioxid	SO_2	228	113	94,1	54,1		
Kohlenstoffmonooxid	CO	0,0440	0,0284	0,0260	0,0208	0,0152	0,0098
Kohlenstoffdioxid	CO_2	3,35	1,69	1,45	0,973	0,576	
Methan	CH_4	0,0396	0,0232	0,0209	0,0159	0,0114	0,0070
Ethan	C_2H_6	0,132	0,062	0,0535	0,0366	0,0239	0,0134
Ethen	C_2H_4	0,281	0,149	0,131			

Elektrochemische Spannungsreihe der Metalle

Die Standardpotenziale sind bei 25 °C und 101,3 kPa gemessen.

Reduktionsmittel	⇌ Oxidationsmittel	+ z · e⁻	Redoxpaar	Standardpotenzial $E^{\ominus}$ in V
Li (s)	⇌ Li^+ (aq)	$+e^-$	Li/Li^+	−3,04
K (s)	⇌ K^+ (aq)	$+e^-$	K/K^+	−2,92
Ba (s)	⇌ Ba^{2+} (aq)	$+2\,e^-$	Ba/Ba^{2+}	−2,90
Ca (s)	⇌ Ca^{2+} (aq)	$+2\,e^-$	Ca/Ca^{2+}	−2,87
Na (s)	⇌ Na^+ (aq)	$+e^-$	Na/Na^+	−2,71
Mg (s)	⇌ Mg^{2+} (aq)	$+2\,e^-$	Mg/Mg^{2+}	−2,36
Be (s)	⇌ Be^{2+} (aq)	$+2\,e^-$	Be/Be^{2+}	−1,85
Al (s)	⇌ Al^{3+} (aq)	$+3\,e^-$	Al/Al^{3+}	−1,66
Ti (s)	⇌ Ti^{3+} (aq)	$+3\,e^-$	Ti/Ti^{3+}	−1,21
Mn (s)	⇌ Mn^{2+} (aq)	$+2\,e^-$	Mn/Mn^{2+}	−1,18
V (s)	⇌ V^{2+} (aq)	$+2\,e^-$	V/V^{2+}	−1,17
Zn (s)	⇌ Zn^{2+} (aq)	$+2\,e^-$	Zn/Zn^{2+}	−0,76
Cr (s)	⇌ Cr^{3+} (aq)	$+3\,e^-$	Cr/Cr^{3+}	−0,74
Fe (s)	⇌ Fe^{2+} (aq)	$+2\,e^-$	Fe/Fe^{2+}	−0,41
Cd (s)	⇌ Cd^{2+} (aq)	$+2\,e^-$	Cd/Cd^{2+}	−0,40
Co (s)	⇌ Co^{2+} (aq)	$+2\,e^-$	Co/Co^{2+}	−0,28
Ni (s)	⇌ Ni^{2+} (aq)	$+2\,e^-$	Ni/Ni^{2+}	−0,23
Sn (s)	⇌ Sn^{2+} (aq)	$+2\,e^-$	Sn/Sn^{2+}	−0,14
Pb (s)	⇌ Pb^{2+} (aq)	$+2\,e^-$	Pb/Pb^{2+}	−0,13
Fe (s)	⇌ Fe^{3+} (aq)	$+3\,e^-$	Fe/Fe^{3+}	−0,02
H_2 (g) + 2 H_2O (l)	⇌ 2 H_3O^+ (aq)	$+2\,e^-$	$H_2/2\,H_3O^+$	0,00 (pH = 0)
Cu (s)	⇌ Cu^{2+} (aq)	$+2\,e^-$	Cu/Cu^{2+}	+0,35
Cu (s)	⇌ Cu^+ (aq)	$+e^-$	Cu/Cu^+	+0,52
Ag (s)	⇌ Ag^+ (aq)	$+e^-$	Ag/Ag^+	+0,80
Hg (l)	⇌ Hg^{2+} (aq)	$+2\,e^-$	Hg/Hg^{2+}	+0,85
Pt (s)	⇌ Pt^{2+} (aq)	$+2\,e^-$	Pt/Pt^{2+}	+1,20
Au (s)	⇌ Au^{3+} (aq)	$+3\,e^-$	Au/Au^{3+}	+1,50

s = fest; l = flüssig; g = gasförmig; aq = in wässriger Lösung

Namen und Kurzzeichen von Kunststoffen, Chemiefaserstoffen und Naturfaserstoffen

Thermoplaste				
Namen	Polyvinylchlorid	Polyethylen	Polystyrol	Polyamid
Kurzzeichen	PVC	PE (LDPE, HDPE)	PS	PA
Duroplaste				
Namen	Phenoplast	Aminoplast	Polyester, ungesättigt	
Kurzzeichen	PF	UF, MF	UP	
Chemiefaserstoffe				
Namen	Polyamidfaser	Polyacrylnitrilfaser	Polyesterfaser	Viskosefaser
Kurzzeichen	PA	PAN	PES	CV
Naturfaserstoffe				
Namen	Baumwolle	Leinen	Wolle	Naturseide
Kurzzeichen	CO	LI	WO	SE

Symbole für die Pflegebehandlung von Textilien

Symbol	Bedeutung der Symbole und Hinweise für die Pflege von Textilien				
Waschen	95 z. B. CO, LI	60 z. B. CV, PA, PES (30 … 60 °C)	30 z. B. WO, SE, PAN	Hand-wäsche	nicht waschen
Chloren	Cl Chlorbleiche möglich z. B. CO, LI, CV		Chlorbleiche nicht möglich, z. B. WO, SE, Acetatfaser (CA), PA, PES, PAN		
Bügeln	bis 200 °C z. B. CO, LI	bis 150 °C z. B. PES, CV, WO, SE	bis 110 °C z. B. Acetatfaser, (CA), PA, PAN	nicht bügeln	
Chemisch-reinigung	A	P	F	keine Chemisch-reinigung möglich	
	Buchstaben geben einen Hinweis auf die Reinigungsmittel				
Tumbler-Trocknung	80 °C ± 10 °C z. B. CO, CV	< 60 °C z. B. PA, PES, PAN	trocknen im Tumbler nicht möglich		

Größengleichungen der Chemie

Stoffmenge, molare Masse, molares Volumen, Normvolumen und Dichte

Berechnungen zur Stoffmenge n

$$n = \frac{N}{N_A}$$

$$n = \frac{m}{M}$$

$$n = \frac{V}{V_m} \qquad n = \frac{V_n}{V_{m,n}}$$

$$n = c \cdot V(\text{Ls})$$

$$n = \frac{p \cdot V}{R \cdot T}$$

n	Stoffmenge einer Stoffportion in mol
N	Teilchenanzahl einer Stoffportion
N_A	Avogadro-Konstante ($6{,}022\,136\,7 \cdot 10^{23}\ \text{mol}^{-1}$)
m	Masse in g
M	molare Masse in $\text{g} \cdot \text{mol}^{-1}$
V_n	Normvolumen in l
$V_{m,n}$	molares Normvolumen in $\text{l} \cdot \text{mol}^{-1}$
c	Stoffmengenkonzentration eines Stoffes in $\text{mol} \cdot \text{l}^{-1}$
$V(\text{Ls})$	Volumen der Lösung in l
p	Druck in Pa
V	Volumen in m^3
T	Temperatur in K
R	(universelle) Gaskonstante ($8{,}314\,510\ \text{J} \cdot \text{K}^{-1} \cdot \text{mol}^{-1}$)

Berechnungen zur molaren Masse M

$$M = \frac{m}{n}$$

$$M = \frac{m \cdot V_{m,n}}{V_n}$$

$$M = \frac{m \cdot R \cdot T}{p \cdot V}$$

$$M = V_m \cdot \varrho$$

m	Masse in g
n	Stoffmenge in mol
$V_{m,n}$	molares Normvolumen in $\text{l} \cdot \text{mol}^{-1}$
V_n	Normvolumen in l
R	(universelle) Gaskonstante ($8{,}314\,510\ \text{J} \cdot \text{K}^{-1} \cdot \text{mol}^{-1}$)
T	Temperatur in K
p	Druck in Pa
V	Volumen in m^3
V_m	molares Volumen in $\text{l} \cdot \text{mol}^{-1}$
ϱ	Dichte in $\text{g} \cdot \text{l}^{-1}$

Berechnungen zum molaren Volumen V_m

$$V_m = \frac{V}{n}$$

$$V_{m,n} = \frac{V_n}{n}$$

V	Volumen in l
n	Stoffmenge in mol
$V_{m,n}$	molares Normvolumen in $\text{l} \cdot \text{mol}^{-1}$
V_n	Normvolumen in l

Berechnungen zum Normvolumen V_n

$$V_n = \frac{p \cdot T_n}{p_n \cdot T} \cdot V$$

$$V_n = n \cdot V_{m,n}$$

T_n	Normtemperatur (273,15 K)
p_n	Normdruck (101,3 kPa)

Berechnungen zur Dichte ϱ

$$\varrho = \frac{m}{V}$$

$$\varrho_n = \frac{M}{V_{m,n}}$$

ϱ_n	Dichte unter Normbedingungen in $\text{g} \cdot \text{l}^{-1}$

Zusammensetzungsgrößen

Massenanteil w	
$w(\mathrm{B}) = \frac{m(\mathrm{B})}{m(\mathrm{Gem})}$	$m(\mathrm{B})$ Masse des Stoffes B $m(\mathrm{Gem})$ Masse des Stoffgemisches Einheiten: 1; %; ‰; ppm, ppb, ppt % (Prozent) entspricht $1 : 10^2$ ‰ (Promille) entspricht $1 : 10^3$ ppm (parts per million) entspricht $1 : 10^6$ ppb (parts per billion) entspricht $1 : 10^9$ ppt (parts per trillion) entspricht $1 : 10^{12}$
Volumenanteil φ	
$\varphi(\mathrm{B}) = \frac{V(\mathrm{B})}{\sum V(\mathrm{Ko})}$	$V(\mathrm{B})$ Volumen des Stoffes B $\sum V(\mathrm{Ko})$ Summe der Volumina der Komponenten des Stoffgemisches Einheiten: 1; %; ‰; ppm, ppb, ppt
Stoffmengenanteil x	
$x(\mathrm{B}) = \frac{n(\mathrm{B})}{\sum n(\mathrm{Ko})}$	$n(\mathrm{B})$ Stoffmenge des Stoffes B $\sum n(\mathrm{Ko})$ Summe der Stoffmengen der Komponenten des Gemisches Einheiten: 1; %; ‰; ppm, ppb, ppt
Massenkonzentration β	
$\beta(\mathrm{B}) = \frac{m(\mathrm{B})}{V(\mathrm{Ls})}$	$m(\mathrm{B})$ Masse des Stoffes B $V(\mathrm{Ls})$ Volumen der Lösung Einheit: $\mathrm{g \cdot l^{-1}}$
Volumenkonzentration σ	
$\sigma(\mathrm{B}) = \frac{V(\mathrm{B})}{V(\mathrm{Ls})}$	$V(\mathrm{B})$ Volumen des Stoffes B $V(\mathrm{Ls})$ Volumen der Lösung Einheit: $\mathrm{l \cdot l^{-1}}$
Stoffmengenkonzentration c	
$c(\mathrm{B}) = \frac{n(\mathrm{B})}{V(\mathrm{Ls})}$	$n(\mathrm{B})$ Stoffmenge des gelösten Stoffes B $V(\mathrm{Ls})$ Volumen der Lösung Einheiten: $\mathrm{mol \cdot m^{-3}}$; $\mathrm{mol \cdot l^{-1}}$
Molalität b	
$b(\mathrm{B}) = \frac{n(\mathrm{B})}{m(\mathrm{Lm})}$ $b(\mathrm{B}) = \frac{m(\mathrm{B})}{m(\mathrm{Lm}) \cdot M(\mathrm{B})}$	$b(\mathrm{B})$ Molalität des Stoffes B in einer Lösung in $\mathrm{mol \cdot kg^{-1}}$ $m(\mathrm{B})$ Masse des zu lösenden Stoffes B in g $M(\mathrm{B})$ molare Masse des zu lösenden Stoffes B in $\mathrm{g \cdot mol^{-1}}$ $m(\mathrm{Lm})$ Masse des Lösemittels in kg Einheiten: $\mathrm{mol \cdot g^{-1}}$; $\mathrm{mol \cdot kg^{-1}}$
Mischungsgleichung – Mischungskreuz (Mischungsregel)	
$m_1 \cdot w_1 + m_2 \cdot w_2 = (m_1 + m_2) \cdot w_3$ $\frac{m_1}{m_2} = \frac{w_3 - w_2}{w_1 - w_3}$	w_1, w_2 Massenanteile eines Stoffes in den Lösungen 1 und 2 w_3 Massenanteil eines Stoffes in der herzustellenden Lösung m_1, m_2 Massen der Lösungen 1 und 2

Berechnungen des Blutalkoholgehaltes

$$w(C_2H_5OH) = \frac{m(C_2H_5OH)}{0{,}7^* \cdot m(\text{Körper})}$$

$$w(C_2H_5OH) = \frac{V(C_2H_5OH) \cdot \varrho(C_2H_5OH)}{0{,}7^* \cdot m(\text{Körper})}$$

* bei ♀ 0,6; bei ♂ 0,7

$w(C_2H_5OH)$	Massenanteil des Alkohols im Blut, wird in ‰ angegeben
$m(C_2H_5OH)$	Masse des aufgenommenen Alkohols in g
$m(\text{Körper})$	Masse des Körpers in g
$V(C_2H_5OH)$	Volumen des Alkohols in cm^3
$\varrho(C_2H_5OH)$	Dichte des Alkohols in $g \cdot cm^{-3}$

Massen- und Volumenberechnungen bei chemischen Reaktionen

Gesuchte Größe	Gegebene Größe	Allgemeine Größengleichung
$m(A)$	$m(B)$	$\frac{m(A)}{m(B)} = \frac{n(A) \cdot M(A)}{n(B) \cdot M(B)}$
$m(A)$	$V(B)$	$\frac{m(A)}{V(B)} = \frac{n(A) \cdot M(A)}{n(B) \cdot V_m(B)}$
$V(A)$	$m(B)$	$\frac{V(A)}{m(B)} = \frac{n(A) \cdot V_m(A)}{n(B) \cdot M(B)}$
$V(A)$	$V(B)$	$\frac{V(A)}{V(B)} = \frac{n(A)^*}{n(B)}$

n	Stoffmenge in mol
m	Masse der beteiligten Stoffe in g
V	Volumen der beteiligten Stoffe in l
M	molare Masse in $g \cdot mol^{-1}$
V_m	molares Volumen in $l \cdot mol^{-1}$
(A)	Stoff der gesuchten Größe
(B)	Stoff der gegebenen Größe
*	gilt nur für Gase

Berechnungen zur Titration von Lösungen

Berechnung der Stoffmengenkonzentration:

$$c_1 = \frac{c_2 \cdot V_2}{V_1}$$

Berechnung der Stoffmenge: $n_1 = c_2 \cdot V_2$

Berechnung der Masse: $m_1 = M_1 \cdot c_2 \cdot V_2$

c_1	Stoffmengenkonzentration der zu bestimmenden Lösung
c_2	Stoffmengenkonzentration der Maßlösung
V_1	Volumen der zu bestimmenden Lösung
V_2	Volumen der verbrauchten Maßlösung
n_1	Stoffmenge des zu bestimmenden Stoffes
m_1	Masse des zu bestimmenden Stoffes
M_1	molare Masse des zu bestimmenden Stoffes

Berechnungen nach den Faraday'schen Gesetzen

$$I \cdot t = F \cdot n \cdot z$$

$$\frac{m}{M} = \frac{I \cdot t}{F \cdot z}$$

F	Faraday-Konstante ($9{,}6485 \cdot 10^4 C \cdot mol^{-1}$)
n	Stoffmenge in mol
z	Anzahl der Elementarteilchen
t	Zeit
M	molare Masse
m	Masse
I	Stromstärke

Gefahrstoffe

Gefahrensymbole, Kennbuchstaben und Gefahrenbezeichnungen

 T	**Giftige Stoffe** (sehr giftige Stoffe T+) verursachen durch Einatmen, Verschlucken oder Aufnahme durch die Haut meist erhebliche Gesundheitsschäden oder sogar den Tod. *Was tun?* Nicht direkt berühren! Unwohlsein sofort dem Lehrer melden!
	**Gesundheitsschädliche Stoffe** können durch Einatmen, Verschlucken oder Aufnahme durch die Haut gesundheitsschädigend wirken. *Was tun?* Nicht direkt berühren! Unwohlsein sofort dem Lehrer melden!
 C	**Ätzende Stoffe** zerstören das Hautgewebe oder die Oberfläche von Gegenständen. *Was tun?* Berührungen mit Haut, Augen und Kleidung vermeiden! Dämpfe nicht einatmen!
 Xi	**Reizende Stoffe** haben Reizwirkung auf Haut, Augen und Atmungsorgane. *Was tun?* Berührungen mit Haut, Augen und Atmungsorganen vermeiden! Nicht einatmen! Schutzhandschuhe, Schutzkleidung und Schutzbrille tragen!
 E	**Explosionsgefährliche Stoffe** können unter bestimmten Bedingungen explodieren. *Was tun?* Schlag, Stoß, Reibung, Funkenbildung und Hitzeeinwirkung vermeiden! Abfälle und Behälter müssen in gesicherter Weise beseitigt werden!
 O	**Brandfördernde Stoffe** können brennbare Stoffe entzünden oder ausgebrochene Brände fördern. *Was tun?* Kontakt mit brennbaren Stoffen vermeiden! Explosions- und Brandgase nicht einatmen!
 F	**Leichtentzündliche Stoffe** (hochentzündliche Stoffe F+) entzünden sich von selbst an heißen Gegenständen. Zu ihnen gehören selbstentzündliche Stoffe, leicht entzündliche gasförmige Stoffe, feuchtigkeitsempfindliche Stoffe und brennbare Flüssigkeiten. *Was tun?* Vorsicht beim Umgang mit offenen Flammen und Wärmequellen! Keine Berührung mit brandfördernden Stoffen!
 N	**Umweltgefährliche Stoffe** sind sehr giftig, giftig oder schädlich für Wasserorganismen. In Gewässern können sie langfristig schädliche Wirkungen haben. Sie sind giftig für Pflanzen, Tiere – insbesondere Bienen – und Bodenorganismen. Langfristig können sie auf die Umwelt und die Ozonschicht schädliche Wirkungen haben. *Was tun?* Freisetzung der Stoffe in die Umwelt vermeiden! Stoffe der Problemabfallentsorgung zuführen!
Xn oder Xi	**Sensibilisierende Stoffe** können durch Einatmen (Xn) oder durch Hautkontakt (Xi) eine Sensibilisierung hervorrufen. *Was tun?* Staub, Gas, Dampf und Aerosol nicht einatmen! Berührung mit der Haut vermeiden!
T oder Xn	**Krebserzeugende Stoffe** können Krebs und **erbgutverändernde Stoffe** können vererbbare Schäden hervorrufen. *Was tun?* Exposition vermeiden! Bei Unfall oder Unwohlsein sofort den Arzt hinzuziehen!
T oder Xn	**Fortpflanzungsgefährdende Stoffe** können die Fortpflanzungsfähigkeit des Menschen beeinträchtigen oder das Kind im Mutterleib schädigen. *Was tun?* Exposition vermeiden!

Gefahrenhinweise (R-Sätze)	
R 1	In trockenem Zustand explosionsgefährlich
R 2	Durch Schlag, Reibung, Feuer oder andere Zündquellen explosionsgefährlich
R 3	Durch Schlag, Reibung, Feuer oder andere Zündquellen besonders explosionsgefährlich
R 4	Bildet hochempfindliche explosionsgefährliche Metallverbindungen
R 5	Beim Erwärmen explosionsfähig
R 6	Mit und ohne Luft explosionsfähig
R 7	Kann Brand verursachen
R 8	Feuergefahr bei Berührung mit brennbaren Stoffen
R 9	Explosionsgefahr bei Mischung mit brennbaren Stoffen
R 10	Entzündlich
R 11	Leichtentzündlich
R 12	Hochentzündlich
R 14	Reagiert heftig im Wasser
R 15	Reagiert mit Wasser unter Bildung hochentzündlicher Gase
R 16	Explosionsgefährlich in Mischung mit brandfördernden Stoffen
R 17	Selbstentzündlich an der Luft
R 18	Bei Gebrauch Bildung explosionsfähiger/leichtentzündlicher Dampf-Luftgemische möglich
R 19	Kann explosionsfähige Peroxide bilden
R 20	Gesundheitsschädlich beim Einatmen
R 21	Gesundheitsschädlich bei Berührung mit der Haut
R 22	Gesundheitsschädlich beim Verschlucken
R 23	Giftig beim Einatmen
R 24	Giftig bei Berührung mit der Haut
R 25	Giftig beim Verschlucken
R 26	Sehr giftig beim Einatmen
R 27	Sehr giftig bei Berührung mit der Haut
R 28	Sehr giftig beim Verschlucken
R 29	Entwickelt bei Berührung mit Wasser giftige Gase
R 30	Kann bei Gebrauch leichtentzündlich werden
R 31	Entwickelt bei Berührung mit Säure giftige Gase
R 32	Entwickelt bei Berührung mit Säure sehr giftige Gase
R 33	Gefahr kumulativer Wirkungen
R 34	Verursacht Verätzungen
R 35	Verursacht schwere Verätzungen
R 36	Reizt die Augen
R 37	Reizt die Atmungsorgane
R 38	Reizt die Haut
R 39	Ernste Gefahr irreversiblen Schadens
R 40	Irreversibler Schaden möglich
R 41	Gefahr ernster Augenschäden
R 42	Sensibilisierung durch Einatmen möglich
R 43	Sensibilisierung durch Hautkontakt möglich
R 44	Explosionsgefahr bei Erhitzen unter Einschluss
R 45	Kann Krebs erzeugen
R 46	Kann vererbbare Schäden verursachen
R 48	Gefahr ernster Gesundheitsschäden bei längerer Exposition
R 49	Kann Krebs erzeugen beim Einatmen
R 50	Sehr giftig für Wasserorganismen
R 51	Giftig für Wasserorganismen
R 52	Schädlich für Wasserorganismen
R 53	Kann in Gewässern längerfristig schädliche Wirkungen haben
R 54	Giftig für Pflanzen
R 55	Giftig für Tiere
R 56	Giftig für Bodenorganismen
R 57	Giftig für Bienen
R 58	Kann längerfristig schädliche Wirkungen auf die Umwelt haben
R 59	Gefährlich für die Ozonschicht
R 60	Kann die Fortpflanzungsfähigkeit beeinträchtigen
R 61	Kann das Kind im Mutterleib schädigen
R 62	Kann möglicherweise die Fortpflanzungsfähigkeit beeinträchtigen
R 63	Kann das Kind im Mutterleib möglicherweise schädigen
R 64	Kann Säuglinge über die Muttermilch schädigen
R 65	Gesundheitsschädlich: Kann beim Verschlucken Lungenschäden verursachen
R 66	Wiederholter Kontakt kann zu spröder oder rissiger Haut führen
R 67	Dämpfe können Schläfrigkeit u. Benommenheit verursachen

Sicherheitsratschläge (S-Sätze)	
S 1	Unter Verschluss aufbewahren
S 2	Darf nicht in die Hände von Kindern gelangen
S 3	Kühl aufbewahren
S 4	Von Wohnplätzen fernhalten
S 5	Unter … aufbewahren (geeignete Flüssigkeit vom Hersteller anzugeben)
S 6	Unter … aufbewahren (inertes Gas vom Hersteller anzugeben)
S 7	Behälter dicht geschlossen halten
S 8	Behälter trocken halten
S 9	Behälter an einem gut gelüfteten Ort aufbewahren
S 12	Behälter nicht gasdicht verschließen
S 13	Von Nahrungsmitteln, Getränken u. Futtermitteln fernhalten
S 14	Von … fernhalten (inkompatible Substanzen sind vom Hersteller anzugeben)
S 15	Vor Hitze schützen
S 16	Von Zündquellen fernhalten – Nicht rauchen
S 17	Von brennbaren Stoffen fernhalten
S 18	Behälter mit Vorsicht öffnen und handhaben
S 20	Bei der Arbeit nicht essen und trinken
S 21	Bei der Arbeit nicht rauchen
S 22	Staub nicht einatmen
S 23	Gas/Rauch/Dampf/Aerosol nicht einatmen (geeignete Bezeichnung(en) vom Hersteller anzugeben)
S 24	Berührung mit der Haut vermeiden
S 25	Berührung mit den Augen vermeiden
S 26	Bei Berührung mit den Augen sofort gründlich mit Wasser abspülen und Arzt konsultieren
S 27	Beschmutzte, getränkte Kleidung sofort ausziehen
S 28	Bei Berührung mit der Haut sofort abwaschen mit viel … (vom Hersteller anzugeben)
S 29	Nicht in die Kanalisation gelangen lassen
S 30	Niemals Wasser hinzugießen
S 33	Maßnahmen gegen elektrostatische Aufladungen treffen
S 35	Abfälle u. Behälter müssen in gesicherter Weise beseitigt werden
S 36	Bei der Arbeit geeignete Schutzkleidung tragen
S 37	Geeignete Schutzhandschuhe tragen
S 38	Bei unzureichender Belüftung Atemschutzgerät anlegen
S 39	Schutzbrille/Gesichtsschutz tragen
S 40	Fußboden und verunreinigte Gegenstände mit … reinigen (Material vom Hersteller anzugeben)
S 41	Explosions- und Brandgase nicht einatmen
S 42	Bei Räuchern/Versprühen geeignetes Atemschutzgerät anlegen (geeignete Bezeichnung(en) vom Hersteller anzugeben)
S 43	Zum Löschen … (vom Hersteller anzugeben) verwenden (wenn Wasser die Gefahr erhöht, anfügen: „Kein Wasser verwenden“)
S 45	Bei Unfall oder Unwohlsein sofort Arzt hinzuziehen (wenn möglich, dieses Etikett vorzeigen)
S 46	Bei Verschlucken sofort ärztlichen Rat einholen und Verpackung oder Etikett vorzeigen
S 47	Nicht bei Temperaturen über … °C aufbewahren (vom Hersteller anzugeben)
S 48	Feucht halten mit … (geeignetes Mittel vom Hersteller anzugeben)
S 49	Nur im Originalbehälter aufbewahren
S 50	Nicht mischen mit … (vom Hersteller anzugeben)
S 51	Nur in gut gelüfteten Bereichen verwenden
S 52	Nicht großflächig für Wohn- u. Aufenthaltsräume verwenden
S 53	Exposition vermeiden – vor Gebrauch besondere Anweisungen einholen
S 56	Diesen Stoff und seinen Behälter der Problemabfallentsorgung zuführen
S 57	Zur Vermeidung einer Kontamination der Umwelt geeigneten Behälter verwenden
S 59	Information zur Wiederverwendung/Wiederverwertung beim Hersteller/Lieferanten erfragen
S 60	Dieser Stoff und sein Behälter sind als gefährlicher Abfall zu entsorgen
S 61	Freisetzung in die Umwelt vermeiden. Besondere Anweisungen einholen/Sicherheitsdatenblatt zu Rate ziehen
S 62	Bei Verschlucken kein Erbrechen herbeiführen. Sofort ärztlichen Rat einholen und Verpackung oder dieses Etikett vorzeigen
S 63	Bei Unfall durch Einatmen: Verunfallten an die frische Luft bringen und ruhig stellen
S 64	Bei Verschlucken Mund mit Wasser ausspülen (nur wenn Verunfallter bei Bewusstsein ist)

Liste von Gefahrstoffen (Auswahl, Stand 2000)

Stoff	Kenn-buch-stabe	R-Sätze	S-Sätze	E-Sätze
Aceton (Propanon)	F, Xi	11-36-66-67	(2)-9-16-26	1-10-14
Aluminiumchlorid-6-Wasser	C	34	(1/2)-7/8-28-45	2
Aluminiumpulver, phlegmatisiert		10-15	(2)-7/8-43	3
Ameisensäure (Methansäure) ≥ 90 %	C	35	(1/2)-23-26-45	1-10
Ameisensäure 2 % … 10 %	Xi	36/38	(2)-23-26	1
Ammoniak, wasserfrei	T, N	10-23-34-50	(1/2)-9-16-26-36/37/39-45-61	2-7
Ammoniaklösung 10 % … 25 %	C	34	(1/2)-26-36/37/39-45	2
Ammoniaklösung 5 % … 10 %	Xi	36/37/38	(1/2)-26-36/37/39-45	2
Ammoniumchlorid	Xn	22-36	(2)-22	1
Ammoniumperoxodisulfat	O, Xn	8-22-42/43	17-22-24-37-43	2
Ammoniumthiocyanat (-rhodanid)	Xn	20/21/22-32	(2)-13	1
Anilin (Aminobenzol)	T, N	20/21/22-40-48/23/24/25-50	(1/2)-28-36/37-45-61	10
Antimon(III)-chlorid	C, N	34-51/53	(1/2)-26-45-61	3-14
Asbest	T	45-48/23	53-45	3
Bariumchlorid-2-Wasser	T	20-25	(1/2)-45	1-3
Bariumchloridlösung 3 % … 25 %	Xn	22	(1/2)-45	1
Bariumhydroxid-8-Wasser	C	20/22-34	26-36/37/39-45	1-3
Benzin (Petroleumbenzin)	F	11	9-16-29-33	10-12
Benzol	F, T	45-11-48/23/24/25	53-45	10-12
Blei (bioverfügbar)	T	61-20/22-33	53-45	8
Blei(II)-chlorid	T, N	61-20/22-33-50/53-62	53-45-60-61	4-8-14
Blei(II)-nitrat	O, T, N	61-8-20/22-33-50/53-62	53-17-45-60-61	4-8-14
Blei(II)-nitratlösung 0,5 % … 5 %	T	61-33	53-45	4-8-14
Brom	T+, C, N	26-35-50	(1/2)-7/9-26-45-61	16
Bromwasser, gesättigt	T, Xi	23-24	7/9-26	16
Bromwasserstoff	C	35-37	(1/2)-7/9-26-45	2
Butan	F+, T	45-12	53-45	7
Butanol	Xn	10-22-37/38-41-67	(2)-7/9-13-26-37/39-46	10
Buttersäure (Butansäure)	C	34	(1/2)-26-36-45	10
Calcium	F	15	(2)-8-24/25-43	15
Calciumcarbid	F	15	(2)-8-43	15-16
Calciumchlorid	Xi	36	(2)-22-24	1
Calciumchlorid-6-Wasser	Xi	36	(2)-22-24	1
Calciumhydroxid	C	34	26-36/37/39-45	2
Calciumoxid	C	34	26-36	2
Chlor	T, N	23-36/37/38-50	(1/2)-9-45-61	16
Chlorethan (Ethylchlorid)	F+, Xn	12-40-52/53	(2)-9-16-33-36/37-61	7-12
Chlorethen (Vinylchlorid)	F+, T	45-12	53-45	7-12
Chlormethan (Methylchlorid)	F+, Xn	12-40-48/20	(2)-9-16-33	7-12
Chloroform (Trichlormethan)	Xn	22-38-40-48/20/22	(2)-36/37	10-12
Chlorwasser, gesättigt ≈ 0,7 %	Xn	20	9-45	16
Chlorwasserstoff, wasserfrei	T, C	23-35	(1/2)-9-26-36/37/39-45	2
Cobaltsalzlösungen 0,1 % … 5 %	T	49-42/43	(2)-22-53-45	11-12
Cyclohexan	F, Xn, N	11-38-50/53-65-67	(2)-9-16-33-60-61-62	10-12
Cyclohexen	F, Xn	11-22	9-16-23-33	10-16
Diacetyldioxim (Dimethylglyoxim)	Xn	20/21/22	36/37	10
Dibrommethan	Xn	20-52/53	(2)-24-61	10-12
Dichlormethan	Xn	40	(2)-23-24/25-36/37	10-12
Diethylether (Ether)	F+, Xn	12-19-22-66-67	(2)-9-16-29-33	9-10-12
Dimethylanilin	T, N	23/24/25-40-51/53	(1/2)-28-36/37-45-61	10-12
Distickstofftetraoxid/Stickstoffdioxid	T+	26-34	(1/2)-9-26-28-36/37/39-45	7

Stoff	Kennbuchstabe	R-Sätze	S-Sätze	E-Sätze
Eisen(III)-chlorid-6-Wasser	Xn	22-38-41	26-39	2
Eisen(III)-nitrat-9-Wasser	O, Xi	8-36/38	17	1
Eisen(II)-sulfatlösung ≥ 25 %	Xn	22	24-25	1
Essigsäure (Ethansäure) ≥ 90 %	C	10-35	(1/2)-23-26-45	2-10
Essigsäure (Ethansäure) 25 % … 90 %	C	34	(1/2)-23-26-45	2-10
Essigsäure (Ethansäure) 10 % … 25 %	Xi	36/38	23-26	2-10
Essigsäureethylester (Ethylacetat)	F, Xi	11-36-66-67	(2)-16-26-33	10-12
Ethanal (Acetaldehyd)	F+, Xn	12-36/37-40	(2)-16-33-36/37	9-10-12-16
Ethanol (Ethylalkohol)	F	11	(2)-7-16	1-10
Ethen (Ethylen)	F+	12	(2)-9-16-33	7
Ethin (Acetylen)	F+	5-6-12	(2)-9-16-33	7
Fehling'sche Lösung II (Kaliumnatriumtartrat, alkalisch)	C	35	(2)-26-27-37/39	2
Heptan	F, Xn, N	11-38-50/53-65-67	(2)-9-16-29-33-60-61-62	10-12
Hexan	F, Xn, N	11-38-48/20-51/53-62-65-67	(2)-9-16-29-33-36/37-61-62	10-12
Iod	Xn, N	20/21-50	(2)-23-25-61	1-16
Kalium	F, C	14/15-34	(1/2)-5-8-45	6-12-16
Kaliumchlorat	O, Xn	9-20/22	(2)-13-16-27	1-6
Kaliumhydrogensulfat	C	34-37	(1/2)-26-36/37/39-45	2
Kaliumhydroxid (Ätzkali)	C	22-35	(1/2)-26-36/37/39-45	2
Kaliumhydroxidlösung ≥ 5 %	C	35	(1/2)-26-37/39-45	2
Kaliumhydroxidlösung 2 % … 5 %	C	34	(1/2)-26-37/39-45	2
Kaliumhydroxidlösung 0,5 % … 2 %	Xi	36/38	26	2
Kaliumnitrat	O	8	16-41	1
Kaliumperchlorat	O, Xn	9-22	(2)-13-22-27	1
Kaliumpermanganat	O, Xn, N	8-22-50/53	(2)-60-61	1-6
Kaliumsulfid	C, N	31-34-50	(1/2)-26-45-61	1
Kaliumthiocyanat (-rhodanid)	Xn	20/21/22-32	2-13	1
Kohlenstoffdisulfid (Schwefelkohlenstoff)	F, T	11-36/38-48/23-62-63	(1/2)-16-33-36/37-45	9-10-12
Kohlenstoffmonooxid	F+, T	61-12-23-48/23	53-45	7
Kupfer(II)-chlorid-2-Wasser	T	25-36/37/38	37-45	11
Kupfer(II)-sulfat-5-Wasser	Xn, N	22-36/38-50/53	(2)-22-60-61	11
Kupfer(II)-sulfatlösung ≥ 25 %	Xn	22-36/38	(2)-22	11
Lithiumchlorid	Xn	22-36/37/38	26-36	1
Magnesiumpulver, -späne (phlegmatisiert)	F	11-15	(2)-7/8-43	3
Mangan(II)-chlorid-4-Wasser	Xn	22-36/37/38	26-36/37/39	11
Mangandioxid (Braunstein)	Xn	20/22	(2)-25	3
Methanal(Formaldehyd)-lösung ≥25%	T	23/24/25-34-40-43	(1/2)-26-36/37/39-45-51	10-12-16
Methanal(Formaldehyd)-lösung 5 % … 25 %	Xn	20/21/22-36/37/38-40-43	(1/2)-26-36/37/39-51	1-10
Methanal(Formaldehyd)-lösung 1 % … 5 %	Xn	40-43	23-27	1
Methanol (Methylalkohol)	F, T	11-23/24/25-39/23/24/25	(1/2)-7-16-36/37-45	1-10
Natrium	F, C	14/15-34	(1/2)-5-8-43-45	6-12-16
Natriumcarbonat-10-Wasser	Xi	36	(2)-22-26	1
Natriumdithionit	Xn	7-22-31	(2)-7/8-26-28-43	1
Natriumfluorid	T	25-32-36/38	(1/2)-22-36-45	5

Stoff	Kenn-buch-stabe	R-Sätze	S-Sätze	E-Sätze
Natriumfluoridlösung 3 % … 20 %	Xn	22-32	22-36-45	5
Natriumhydroxid (Ätznatron)	C	35	(1/2)-26-37/39-45	2
Natriumhydroxidlösung ≥ 5 %	C	35	(1/2)-26-37/39-45	2
Natriumhydroxidlösung 2 % … 5 %	C	34	(1/2)-26-37/39-45	1
Natriumhydroxidlösung 0,5 % … 2 %	Xi	36/38	28	1
Natriumnitrit	O, T, N	8-25-50	(1/2)-45-61	1-16
Natriumsulfidlösung 5 % … 10 %	Xn	22-31-36/37/38	(1/2)-26-36/37/39-45	1
Nickel(II)-nitratlösung ≥ 25 %	Xn	22	53-24	11-12
Nicotin	T+, N	25-27-51/53	(1/2)-36/37-45-61	10-16
Oxalsäure-2-Wasser	Xn	21/22	(2)-24/25	5
Oxalsäurelösung ≥ 5 %	Xn	21/22	(2)-24-25	5
Ozon	O, T	34-36/37/38		7
Perchlorsäure ≥ 50 %	O, C	5-8-35	(1/2)-23-26-36-45	2
Perchlorsäure 10 % … 50 %	C	34	23-28-36	2
Perchlorsäure 1 % … 10 %	Xi	36/38	28-36	2
Phenol	T	24/25-34	(1/2)-28-45	10-12
Phenollösung 1 % … 5 %	Xn	21/22-36/38	(2)-28-45	10-12
Phosphor, rot	F, N	11-16-50	(2)-7-43-61	6-9
Phosphor(V)-oxid	C	35	(1/2)-22-26-45	2
Phosphorsäure ≥ 25 %	C	34	(1/2)-26-45	2
Phosphorsäure 10 % … 25 %	Xi	36/38	25	1
Phthalsäureanhydrid	Xn	22-37/38-41-42/43	(2)-23-24/25-26-37/39-46	10
Propan	F+	12	(2)-9-16	7
Propanol	F, Xi	11-41-67	(2)-7-16-24-26-39	10
Quecksilber	T, N	23-33-50/53	(1/2)-7-45-60-61	6-12-14-16
Quecksilber(I)-chlorid (Kalomel)	Xn	22-36/37/38	(2)-13-24/25-46	6-12-16
Resorcin (1,3-Dihydroxybenzol)	Xn, N	22-36/38-50	(2)-26-61	10
Salpetersäure ≥ 70 %	O, C	8-35	(1/2)-23-26-36-45	2
Salpetersäure 20 % … 70 %	C	35	(1/2)-23-26-36-45	2
Salpetersäure 5 % … 20 %	C	34	(1/2)-23-26-36-45	2
Salzsäure ≥ 25 %	C	34-37	(1/2)-26-45	2
Salzsäure 10 % … 25 %	Xi	36/37/38	(1/2)-26-45	2
Schwefeldioxid	T	23-34	(1/2)-9-26-36/37/39-45	7
Schwefelsäure ≥ 15 %	C	35	(1/2)-26-30-45	2
Schwefelsäure 5 % … 15 %	Xi	36/38	(2)-26	2
Schwefelwasserstoff	F+, T+, N	12-26-50	(1/2)-9-16-28-36/37-45-61	2-7
Schwefelwasserstofflösung 1 % … 5 %	Xn	20	(1/2)-9-16-28-36/37-45	2
Schweflige Säure 0,5 % … 5 %	Xi	36/37/38	24-26	2
Silbernitrat	C, N	34-50/53	(1/2)-26-45-60-61	12-13-14
Silbernitratlösung 5 % … 10 %	Xi	36/38	(1/2)-26-45	12-13-14
Stickstoffmonooxid	T+	26/27	45	7
Styrol	Xn	10-20-36/38	(2)-23	10-12
Sulfanilsäure	Xi	36/38-43	(2)-24-37	10-16
Tollens Reagens	C	34-36/37/38	(2)-26	
Toluol	F, Xn	11-20	(2)-16-25-29-33	10-12
Wasserstoff	F+	12	(2)-9-16-33	7
Wasserstoffperoxidlösung ≥ 60 %	O, C	8-34	(1/2)-3-28-36/39-45	1-16
Wasserstoffperoxidlösung 5 % … 20 %	Xi	36/38	(1/2)-28-36/39-45	1
Zinkchlorid	C, N	34-50/53	(1/2)-7/8-28-45-60-61	1-11

Biologie

Allgemeine Angaben

Höchstalter verschiedener Pflanzen (verändert nach Flindt 1995)

Art	Höchstalter in Jahren	Art	Höchstalter in Jahren	Art	Höchstalter in Jahren
Apfelbaum	200	Efeu	440	Linde	1900
Bärlapp	7	Feige	2000	Mammutbaum	4000
Berg-Ahorn	200	Fichte	1100	Ölbaum	700
Birke	120	Hainbuche	150	Rot-Buche	900
Birnbaum	300	Haselnuss	120	Sal-Weide	150
Eberesche	80	Heidekraut	42	Spitz-Ahorn	600
Edelkastanie	700	Heidelbeere	25	Tanne	500
Eibe	1800	Kiefer	500	Ulme	500
Eiche	1300	Kirschbaum	400	Walnuss	400
Eichenfarn	7	Lärche	600	Zitter-Pappel	150

Höchstalter verschiedener Wirbelloser (verändert nach Flindt 1995)

Art	Höchstalter[1]	Art	Höchstalter[1]	Art	Höchstalter[1]
Bandwurm	35 J.	Lanzetttierchen	7 M.	Stubenfliege	76 T.
Bienenkönigin	5 J.	Planarie	14 M.	Taufliege (Drosophila)	46 T.
Bienenarbeiterin	6 Wo.	Rädertierchen	2 … 3 T.	Wasserfloh	108 T.
Flusskrebs	20 … 30 J.	Regenwurm	10 J.	Weinbergschnecke	> 18 J.
Hummer	45 J.	Spinnen	20 J.		

Höchstalter verschiedener Wirbeltiere (verändert nach Flindt 1995)

Art	Höchstalter[1]	Art	Höchstalter[1]	Art	Höchstalter[1]
Fische		Lurche (Amphibien)		Vögel	
Aal	88 J.	Erdkröte	40 J.	Amsel	10 … 18 J. (r)
Forelle	18 J.	Feuersalamander	43 J.	Buchfink	29 J.
Goldfisch	41 J.	Laubfrosch	22 J.	Eulen	60 … 70 J.
Guppy	5 J.			Haussperling	23 J.
Hecht	60 … 70 J.	Kriechtiere (Reptilien)		Kakadu	100 J.
Hering	20 J.			Kolibri	8 J.
Karpfen	70 … 100 J.	Anakonda	31 J.	Kuckuck	40 J.
Lachs	13 J.	Blindschleiche	33 J.	Lerche	8 J. (r)
Scholle	20 J.	Eidechse	5 … 8 J.	Star	20 J. (r)
Seepferdchen	5 J.	Landschildkröte	137 J.	Taube	35 J.
Stör	152 J.	Mississippi-Alligator	66 J.	Zaunkönig	5 J.

[1] Zeitangaben: T. = Tage, Wo. = Wochen, M. = Monate, J. = Jahre
Altersangaben frei lebender Vögel, die durch Ringfunde nachgewiesen wurden, sind zusätzlich durch (r) gekennzeichnet.

Art	Höchstalter[1]	Art	Höchstalter[1]	Art	Höchstalter[1]
Säugetiere					
Biber	20 … 25 J.	Giraffe	34 J.	Katze	35 J.
Braunbär	47 J.	Goldhamster	4 J.	Maulwurf	3 … 4 J.
Delfin	25 … 30 J.	Gorilla	60 J.	Maus	4 J.
Eichhörnchen	12 J.	Hirsch	30 J.	Rind	20 … 25 J.
Elefant	70 J.	Igel	14 J.	Wal	100 J.
Esel	100 J.	Kaninchen	18 J.	Wolf	14 J.

Zellbiologie

Lebensdauer von Zellen in verschiedenen Organen des Menschen (verändert nach Flindt 1995)

Organe	Durchschnittliche Lebensdauer in Tagen	Organe	Durchschnittliche Lebensdauer in Tagen
Leber	10,0 … 20,0	Epidermis:	
Magen	1,8 … 9,1	– Lippen	14,7
Dünndarm	1,3 … 1,6	– Fußsohlen	19,1
Dickdarm	10,0	– Bauch	19,4
Enddarm	6,2	– Ohr	34,5
Luftröhre	47,5	Rote Blutkörperchen	120,0
Lunge (Alveolen)	8,1	Weiße Blutkörperchen	1,0 … 3,0

Größe von tierischen Zellen und Einzellern (verändert nach Flindt 1995)

Art	Organ	Durchmesser in µm	Volumen in µm³
Hund	Magen	15,6	1988
	Purkinje-Zellen (besonders große und verzweigte Nervenzellen in Kleinhirnrinde)	30,0	14000
Pferd	Purkinje-Zellen	32,0	16000
Maus	Purkinje-Zellen	19,0	4000
Frosch	Purkinje-Zellen	7,0	1500
Mensch	Erythrozyt	7,0 … 7,5	87
	Purkinje-Zellen	27,0	10000
	Beetz'sche Zellen (Riesenpyramidenzellen in motorischer Großhirnrinde)	>130,0	113400
	Großer Lendenmuskel	25,0 … 90,0	
	Spinalganglion		102612
Staphylococcus		1,0	
Salmonella		2,1	
Milzbrandbakterium		10,0	
Gregarine		… 1,5 cm (!)	

[1] Zeitangaben: T. = Tage, Wo. = Wochen, M. = Monate, J. = Jahre

Stoff- und Energiewechsel

Energie-, Nährstoff-, Wasser- und Vitamingehalt ausgewählter Nahrungsmittel (nach Flindt 1995)

Nahrungsmittel in g (berechnet auf 100 g)	Energiegehalt		Nährstoffgehalt in g			Wassergehalt in g	Vitamingehalt			
	in kJ	in kcal	Eiweiß	Fett	Kohlenhydrate		A in I.E.	B in mg	C in mg	E in mg
Roggenbrot	950	227	6,4	1,0	52,7	38,5	o. A.	o. A.	o. A.	o. A.
Brötchen	1126	269	6,8	0,5	58,0	34,0	o. A.	o. A.	o. A.	o. A.
Spaghetti	1544	369	12,5	1,2	75,2	10,4	o. A.	o. A.	o. A.	o. A.
Kartoffeln	318	76	2,1	0,1	17,7	79,8	5	0,11	20	0,06
Walnüsse	2725	651	14,8	64,0	15,8	3,5	30	1,43	2	1,5
Banane	356	85	1,1	0,2	22,2	75,7	190	0,05	10	0,2
Apfel (süß)	243	58	0,3	0,6	15,0	84,0	90	0,04	5	0,3
Jogurt	297	71	4,8	3,8	4,5	86,1	o. A.	o. A.	o. A.	o. A.
Kuhmilch	268	64	3,2	3,7	4,6	88,5	140	0,04	1	0,06
Butter	2996	716	0,6	81,0	0,7	17,4	3300	Spuren	Spuren	2,4
Margarine	3013	720	0,5	80,0	0,4	19,7	3000	–	–	30,0
Hühnerei	678	162	12,8	11,5	0,7	74,0	1100	0,12	–	1,0
Honig	1272	304	0,3	0,0	82,3	17,2	–	Spuren	1	–
Traubenzucker	1611	385	0,0	0,0	99,5	0,0	–	–	–	–
Forelle	423	101	19,2	2,1	0,0	77,6	150	0,09	–	–
Schweinekotelett	1427	341	15,2	30,6	0,0	53,9	–	0,8	–	0,6
Rinderfilet	511	122	19,2	4,4	0,0	75,1	–	0,1	–	0,5

o. A. = ohne Angaben
I. E. = internationale Einheiten

Energiegehalt der Nährstoffe

Nährstoffe	Energiegehalt		Bedarfsfaktor
	in $\frac{kJ}{g}$	in $\frac{kcal}{g}$	in g je kg Körpermasse
Fette	39	9,3	0,8
Eiweiße	17	4,1	0,9
Kohlenhydrate	17	4,1	0,9

4,1868 kJ = 1 kcal

Täglicher Energiebedarf von Säuglingen, Kindern und Jugendlichen (nach Flindt 1995)

Alter	Mittlere Körpermasse in kg	Energiebedarf (Gesamtumsatz)			
		je kg Körpermasse		je Tag	
		in kJ	in kcal	in kJ	in kcal
1 … 2 Monate	5,3	480	115	2544	609
3 … 6 Monate	6,8	460	110	3128	748
6 … 9 Monate	8,4	420	100	3528	840
9 … 12 Monate	9,8	405	97	3969	950
3 Jahre	15,3	395	95	6043	1453
5 Jahre	18,1	375	90	6787	1629
10 Jahre	31,3	310	74	9703	2316
15 Jahre	55,4	222	53	12298	2936
18 Jahre	65,5	205	49	13427	3209

Ernährung

Normalgewicht *NG* Idealgewicht *IG* (nach Broca)	$NG = (Kgr - 100) \cdot \text{kg}$ $IG = NG \cdot 0{,}9$ bei Jugendlichen: $IG = NG \cdot 0{,}85$	*Kgr*	Körpergröße in cm
Grundumsatz *GU*	$GU = 4{,}2\ \text{kJ} \cdot t \cdot m_k$ bei Jugendlichen: $6{,}2\ \text{kJ} \cdot t \cdot m_k$	t m_k	Zeit in Stunden Körpermasse in kg
Leistungsumsatz *LU*	$LU = (t_1 \cdot EV_1) + (t_2 \cdot EV_2) + \ldots + (t_n \cdot EV_n)$	t EV	Zeit in Stunden für die ausgeführte Tätigkeit Energieumsatz je Stunde der Tätigkeit
Gesamtumsatz *GesU*	$GesU = GU + LU$		
Nährstoffbedarf *Nb*	$Nb = Bf \cdot m_k$	*Bf*	Bedarfsfaktor der Nährstoffe
Energiebedarf *Eb*	$Eb = (Nb_{KH} \cdot EG_{KH}) + (Nb_{Fett} \cdot EG_{Fett}) + (Nb_{Eiw} \cdot EG_{Eiw})$	*EG*	Energiegehalt der Nährstoffe
Energiegehalt einer Mahlzeit EG_m	$EG_m = EG_{n1} + EG_{n2} + \ldots + EG_{nn}$	EG_n	Energiegehalt der Nahrungsmittel

Täglich benötigte Nahrungsmenge verschiedener Lebewesen (verändert nach Flindt 1995)

Lebewesen	Nahrungsbedarf in % der Körpermasse	Lebewesen	Nahrungsbedarf in % der Körpermasse	Lebewesen	Nahrungsbedarf in % der Körpermasse
Anakonda	0,013	Rind	3,0	Star	11,9
Indischer Elefant	1,0	Huhn	3,5	Blaumeise	30
Bär	2,0	Bussard	4,5	Maus	40
Tiger	2,8	Steinkauz	6,5	Maulwurf	100
Löwe	2,9	Turmfalke	8	Spitzmaus	100
		Singdrossel	10	Kolibri	200

Energieverbrauch bei verschiedenen Tätigkeiten (verändert nach Flindt 1995)

Tätigkeiten	$\frac{\text{kJ}}{\text{h}}$	$\frac{\text{kcal}}{\text{h}}$	Tätigkeiten	$\frac{\text{kJ}}{\text{h}}$	$\frac{\text{kcal}}{\text{h}}$
Fenster putzen	3059	730	Brustschwimmen (50 m/min)	11942	2850
Betten machen	3352	800	Dauerlauf (10 km/h)	10475	2500
Wäsche bügeln	2388	570	Fußball spielen	7961	1900
Staub saugen	3143	750	Bergsteigen	4200	1000
Spielen/Aufräumen	1048	250	Gehen	840	200
Stehen	587	140	Rad fahren	2933	700
Sitzen	503	120	Gymnastik	5866	1400
Liegen	323	77	Skilanglauf (8 km/h)	13408	3250
Schlafen	273	65	Tanzen	4190	1000

Energieverbrauch einzelner Organe (verändert nach Flindt 1995)
Der Energieverbrauch wird auf Grundumsatzbedingungen bezogen.

Organe und Gewebe	Energieverbrauch in % des Gesamtverbrauchs	Organe und Gewebe	Energieverbrauch in % des Gesamtverbrauchs
Leber	25	Nieren	8
Gehirn	20	Magen-Darm-Kanal	6
Muskulatur	18	Haut	4
Herzmuskel	8	Sonstige Gewebe	11

Körpermassenindex (nach Flindt 1995)

$$\text{BMI} = \frac{\text{Körpermasse (in kg)}}{\text{Körpergröße (in m)} \cdot \text{Körpergröße (in m)}}$$

BMI Body-Mass-Index

ohne Berücksichtigung des Alters			unter Berücksichtigung des Alters	
Klassifikation	Körpermassenindex (BMI)		Altersgruppe nach Jahren	Wünschenswerter Körpermassenindex (BMI)
	männlich	weiblich		
Untergewicht	< 20	< 19	19 … 24	19 … 24
Normalgewicht	20 … 25	19 … 24	25 … 34	20 … 25
Übergewicht	25 … 30	24 … 30	35 … 44	21 … 26
Fettsucht (Adipositas)	30 … 40	30 … 40	45 … 54	22 … 27
Massive Fettsucht	> 40	> 40	55 … 64	23 … 28
			> 64	24 … 29

Sauerstoffverbrauch und Gasaustausch des Menschen (verändert nach Flindt 1995)

Sauerstoffverbrauch in cm^3/min			
Tätigkeit		je kg Körpermasse	
in Ruhe	150 … 300	Neugeborene (bis 7. Tag)	5,7
bei leichter Arbeit (60 W)	1 000 … 1 200	Säugling, 3 Monate	6,9
bei mittelschwerer Arbeit (120 W)	1 600 … 1 950	Säugling, 6 Monate	7,1
bei schwerer Arbeit (180 W)	2 000 … 2 600	Säugling, 12 Monate	7,0
bei kurzzeitigen Spitzenleistungen	3 000 … 4 600	Erwachsene, in Ruhe	3,4
		Erwachsene, bei Schwerstarbeit	70,0

Gasaustausch	
tägliche Sauerstoffaufnahme	400 … 800 l O_2
tägliche Kohlenstoffdioxidabgabe	350 … 700 l CO_2
Sauerstoffaufnahme $V(O_2)$	280 cm^3/min
Kohlenstoffdioxidabgabe $V(CO_2)$	230 cm^3/min

Sinnes- und Nervenphysiologie

Obergrenze der Hörfähigkeit bei Tieren und beim Mensch (verändert nach Flindt 1995)

Art	Obergrenze in kHz	Art	Obergrenze in kHz	Art	Obergrenze in kHz
Hai	2	Uhu	8	Meerschweinchen	33
Goldfisch	3	Waldkauz	21	Schimpanse	33
Zwergwels	13	Huhn	38	Mensch	
Ochsenfrosch	4	Kanarienvogel	10	– Kind	21
Brillenkaiman	6	Wellensittich	14	– 35 Jahre	15
Eidechsen	8	Delfin	200	– 50 Jahre	12
Schlangen	0	Fledermaus	400	– Greis	5
Sperling	18	Hund	135	Grillen	8
Star	15	Katze	47	Laubheuschrecken	90
Taube	12	Ratte	80	Nacht-schmetterlinge	
Krähe	< 8	Maus	100		240

Schallpegel verschiedener Geräusche (verändert nach Flindt 1995)

Geräusch	dB(A)*	Geräusch	dB(A)*
Schwellenlautstärke	0	Staubsauger, Straßenverkehr	80
leises Flüstern	10	Motorrad, Lkw, starker Straßenverkehr	90
Lüftergeräusch eines Computers	35	Presslufthammer, Autohupe	100
ruhige Unterhaltung, ruhige Wohnung	40	Propellerflugzeug, Rockkonzert	120
normale Unterhaltung,		Schmerzgrenze, Lärm in Kesselschmiede	130
Lautsprecher auf Zimmerlautstärke	50	Düsenjäger beim Start	140

* dB(A) = Intensität der frequenzabhängigen Wahrnehmung des menschlichen Ohres

Punktdichte der Hautsinne des Menschen (verändert nach Flindt 1995)

Körperregion	Anzahl der Kaltpunkte je cm^2	Anzahl der Warmpunkte je cm^2	Anzahl der Druckpunkte je cm^2	Anzahl der Schmerzpunkte je cm^2
Gesicht			50	184
– Stirn	5,5 … 8,0	2		
– Nase	8,0 … 13,0	1	100	44
– Mund	16,0 … 19,0	nicht in Pkt. auflösb.		
Oberkörper			29	196
– Brust	9,0 … 10,2	0,3		
Gliedmaßen			15	203
– Unterarm (Innenseite)	6,0 … 7,5	0,3 … 0,4		
– Handrücken	6,5 … 7,0	0,5	14	188
– Handflächen	1,0 … 5,0	0,4		
– Fingerrücken	7,0 … 9,0	1,7		
– Finger (Innenseite)	2,0 … 4,0	1,6		
– Oberschenkel	4,5 … 5,2	0,4		

Anzahl der Rezeptoren und ableitenden Nervenfasern der Sinne des Menschen (nach Flindt 1995)

Sinn	Anzahl der Rezeptoren	Anzahl der Nervenfasern	Sinn	Anzahl der Rezeptoren	Anzahl der Nervenfasern
Auge	$2 \cdot 10^8$	$2 \cdot 10^6$	Druck	$5 \cdot 10^5$	10^6
Ohr	$3 \cdot 10^4$	$2 \cdot 10^4$	Schmerz	$3 \cdot 10^6$	10^6
Geschmack	10^7	$2 \cdot 10^3$	Wärme	10^4	10^6
Geruch	10^7	$2 \cdot 10^3$	Kälte	10^5	10^6

Nervensystem des Menschen (verändert nach Flindt 1995)

Nervensystem	Werte	Nervensystem	Werte
Masse des Gehirns	1,5 kg	Anzahl der Querverbindungen im Großhirn	$1 \cdot 10^{12}$
Masse des Großhirns	1,25 kg	Länge der Nervenfasern im Großhirn	500000 km
Anzahl der Nervenzellen des Gehirns	$14 \cdot 10^9$	Länge der Nervenfasern außerhalb des Gehirns	480000 km
Anzahl der Verknüpfungen untereinander (Synapsen)	$7 \cdot 10^{12}$	Täglicher Verlust an Nervenzellen	50000 … 100000
Dicke der Großhirnrinde	2 … 5 mm		
Anzahl der Nervenzellen der Großhirnrinde	$12 \cdot 10^9$		

Gehirnvolumen von Hominiden (nach Flindt 1995)

Hominiden	Gehirnvolumen in cm^3	Hominiden	Gehirnvolumen in cm^3
Schimpanse	320 … 480	Homo heidelbergensis	775 … 900
Orang Utan	295 … 575	Homo sapiens präneanderthalensis	1070 … 1280
Gorilla	340 … 685	Steinheim-Mensch	1100 … 1200
Proconsul	500	Homo sapiens neanderthalensis	1300 … 1610
Australopithecus	450 … 750	Cro-Magnon-Mensch (Homo sapiens sapiens)	1250 … 1700
Homo erectus erectus (Pithecanthropus)	835 … 900	Jetztmensch (Homo sapiens sapiens)	1010 … 2000
Homo erectus pekinensis (Sinanthropus)	915 … 1225		

Schlafbedürfnis des Menschen in verschiedenen Lebensaltern und Anteil des REM-Schlafes (nach Flindt 1995)

Alter	Täglicher Schlafbedarf in Stunden	Anteil des REM-Schlafs in % der Schlafdauer	Alter	Täglicher Schlafbedarf in Stunden	Anteil des REM-Schlafs in % der Schlafdauer
1 … 15 Tage	16	50	10 … 14 Jahre	9	20
3 … 5 Monate	14	40	19 … 30 Jahre	8	22
2 … 3 Jahre	13	25	33 … 45 Jahre	7	19
5 … 9 Jahre	11	19	50 … 70 Jahre	6	15

Fortpflanzung und Entwicklung

Pearl-Index und Entbindungstermin

Pearl-Index *PI* (Versagerquote)	$PI = \frac{N}{N_{\text{Anwender}} \cdot t}$	N t N_{Anwender}	Anzahl der ungewollten Schwangerschaften Beobachtungszeitraum in Jahren Anzahl der Anwender/innen
Entbindungstermin *Et* (Naegele'sche Regel)	$Et = T_m + 7,\ M_m - 3,\ J_m + 1$	T_m, M_m, J_m Anwendung: Einschränkung:	Termin des ersten Tages der letzten Menstruation (T Tag, M Monat, J Jahr) T, M, J = 10. 05. 1998 10 + 7, 5 – 3, 1998 + 1 *Et* = 17. 02. 1999 Gilt nicht, wenn *Et* in die Monate Oktober, November, Dezember fällt.

Das Wachstum des menschlichen Keimlings während der Schwangerschaft (nach Flindt 1995)

Alter	Anzahl der Urwirbel (Somiten)	Länge Scheitel bis Steiß	Länge Scheitel bis Ferse	Masse in g
20 Tage	1 … 4			
21 Tage	4 … 7	2 mm		
22 Tage	7 … 10			
23 Tage	10 … 13			
24 Tage	13 … 17			
25 Tage	17 … 20			
26 Tage	20 … 23			
27 Tage	23 … 26	4 mm		
28 Tage	26 … 29			0,02
30 Tage	34 … 35			
35 Tage	42 … 44	5 … 8 mm		
6 Wochen		10 … 14 mm		
7 Wochen		17 … 22 mm	1,9 cm	
8 Wochen		28 … 30 mm	3,0 cm	1,0
12 Wochen		5,6 cm	7,3 cm	14,0
16 Wochen		11,2 cm	15,7 cm	105,0
20 Wochen		16,0 cm	23,9 cm	310,0
24 Wochen		20,3 cm	29,6 cm	640,0
28 Wochen		24,2 cm	35,5 cm	1080,0
32 Wochen		27,7 cm	40,9 cm	1670,0
36 Wochen		31,3 cm	45,8 cm	2400,0
40 Wochen (Geburt)		35,0 cm	50,0 cm	3300,0

Genetik und Evolution

Chromosomensätze von Pflanzen (verändert nach Flindt 1995)

Art	Chromosomenanzahl	Art	Chromosomenanzahl
Alge (Cladophora)	32	Kiefer	24
Augentierchen (Euglena)	≈ 200	Mais	20
Champignon	8	Natternzunge	480
Erbse	14	Rosskastanie	40
Erle	28	Schachtelhalme	216
Esche	46	Segge, Behaarte	112
Fichte	24	Tanne	24
Gerste	14	Wasserpest	24
Hafer	42	Wurmfarn	164
Kartoffel	48	Zwiebel	16

Chromosomensätze von Wirbellosen (verändert nach Flindt 1995)

Art	Chromosomenanzahl	Art	Chromosomenanzahl
Biene	32	Regenwurm	32
Gartenschnirkelschnecke	48	Sonnentierchen	44
Hausspinne	43	Spulwurm	2
Kellerassel	56	Stechmücke	6
Kohlweißling	30	Stubenfliege	12
Küchenschabe	47	Taufliege (Drosophila)	8
Libelle	26	Trompetentierchen	28
Ohrenqualle	20	Weinbergschnecke	54

Chromosomensätze von Wirbeltieren (verändert nach Flindt 1995)

Art	Chromosomenanzahl	Art	Chromosomenanzahl
Fische		Vögel	
Hecht	18	Amsel	80
Katzenhai	24	Haushuhn	78
Neunauge	174	Reiher	68
Lurche (Amphibien)		Säugetiere	
Feuersalamander	24	Hund	78
Geburtshelferkröte	36	Igel	48
Grasfrosch	26	Katze	38
		Meerschweinchen	64
Kriechtiere (Reptilien)		Mensch	46
		Menschenaffen	48
Alligator	32	Pferd	64
Karettschildkröte	58	Riesenkänguru	22
Kreuzotter	36	Schaf	54
Zauneidechse	38	Schwein	38

Populationsgenetik

Hardy-Weinberg-Gesetz	Für die Ausgangspopulation gilt: $p + q = 1$ Für die Folgepopulation gilt: $p^2 + 2\,pq + q^2 = 1$ $d + h + r = 1$ $p = d + 0{,}5\,h$ $q = 0{,}5\,h + r$	p, q Häufigkeit dominanter und rezessiver Allele Genotyphäufigkeit: d homozygot dominant h heterozygot r homozygot rezessiv
	Bedingung: Das Gesetz gilt unter den Annahmen, dass – keine Mutationen auftreten, – unendlich große Population vorhanden ist, – die Individuen der Population sich beliebig paaren können (Vollständige Panmixie), – keine Selektion stattfindet, – kein Genfluss auftritt.	

Evolution

Individualfitness W	$W = \frac{N_I}{N_{max}}$ Für den besten Genotyp gilt: $W = 1$.	N_I Genotyphäufigkeit des betrachteten Genotyps N_{max} Nachkommenschaft des besten Genotyps
Mittlere Populationsfitness $\overline{W}$	$\overline{W} = \frac{f_1 \cdot W_1 + f_2 \cdot W_2 + \ldots + f_n \cdot W_n}{f_1 + f_2 + \ldots + f_n}$	W_1, W_2 Individualfitness der Genotypen 1 und 2 f_1, f_2 Häufigkeit der Genotypen 1 und 2
Genetische Last L (Genetische Bürde)	$L = \frac{W_{max} - \overline{W}}{W_{max}}$	W_{max} Fitness des besten Genotyps In jeder Population ist die durchschnittliche Fitness $\overline{W}$ geringer als die Fitness des besten Genotyps.
Selektionskoeffizient S	$S = 1 - W$	

Evolution des Menschen in einer 24-Stunden-Darstellung
24 Stunden entsprechen dem Zeitraum von vor 4,5 Millionen Jahren bis heute

Vorfahren des heutigen Menschen	Auftreten in einer 24-Stunden-Darstellung	Dauer des Auftritts
Australopithecus ramidus	00.32 … 01.36	1 h 04 min
Australopithecus afarensis	02.40 … 08.00	5 h 20 min
Australopithecus africanus	08.00 … 13.20	5 h 20 min
Homo rudolfensis	11.12 … 14.24	3 h 12 min
Homo habilis	11.44 … 15.28	3 h 44 min
Homo erectus	14.24 … 22.56	8 h 32 min
Homo sapiens neanderthalensis	22.56 … 23.50	54 min
Homo sapiens sapiens	23.28 … 24.00	32 min

Ökologie

Biomasseproduktion und Wasserbilanz bei Pflanzen

Biomasseproduktion	$S = Pb - (R + m_V)$ $Pn = Pb - R$	S Langfristiger Stoffgewinn für den betrachteten Organismus Pb Brutto-Primärproduktion Pn Netto-Primärproduktion R Stoffverlust durch Atmung m_V Verlustmasse
Trockenmasse TM	Unter der Bedingung 24 Stunden bei 105 °C gilt: $TM = FM - WG$	FM Frischmasse WG Wassergehalt
Wassergehalt WG	$WG = FM - TM$	
Aschemasse AM	$AM = TM - m_V$	m_V Verlustmasse beim Glühen
Wasserdefizit Wd	$Wd = \frac{W_{max} - W_a}{W_{max}} \cdot 100\,\%$	W_{max} maximal möglicher Wassergehalt W_a zurzeit vorhandener Wassergehalt (aktueller Wassergehalt)
Wasserbilanzquotient BQ	$BQ = \frac{m(H_2O)_{ab}}{m(H_2O)_{auf}} \mathrel{\widehat{=}} \frac{V(H_2O)_{ab}}{V(H_2O)_{auf}}$	$m(H_2O)_{ab}$ Masse des abgegebenen Wassers je Zeiteinheit $m(H_2O)_{auf}$ Masse des aufgenommenen Wassers je Zeiteinheit $V(H_2O)_{ab}$ Volumen des abgegebenen Wassers je Zeiteinheit $V(H_2O)_{auf}$ Volumen des aufgenommenen Wassers je Zeiteinheit
Lichtgenuss LG	$LG = \frac{E_{Ort}}{E_{frei}} \cdot 100\,\%$	E_{Ort} Beleuchtungsstärke am Wuchsort E_{frei} Beleuchtungsstärke im Freiland

Bestimmen der Wasserqualität

Sauerstoffgehalt $\beta(O_2)$ in mg/l (nach Winkler)	$\beta(O_2) = \frac{a \cdot 0{,}08 \cdot 1000}{V - b}$	V Volumen der Wasserprobe in ml a Verbrauch an Natriumthiosulfatlösung in ml ($c = 0{,}01$ mol/l) b zugesetzte Reagenzienmenge in ml 1000 Umrechnungsfaktor für einen Liter
Sauerstoffsättigung S	$S = \frac{\beta(O_2) \cdot 100\,\%}{\beta(O_2)\,S}$	$\beta(O_2)$ gemessener Sauerstoffgehalt der Frischprobe bei gemessener Temperatur $\beta(O_2)\,S$ theoretischer Sauerstoffsättigungswert bei der gemessenen Temperatur

Sauerstoffdefizit $\beta(O_2)_{Def}$	$\beta(O_2)_{Def} = \beta(O_2) - \beta(O_2)\ S$	
Plankton- und Schwebstoffgehalt G_{PS}	$G_{PS} = \frac{(m_2 - m_1) \cdot 1000}{V}$	m_1 Masse des getrockneten Filterpapiers in g m_2 Masse des getrockneten Filterpapiers mit Plankton- und Schwebstoffen in g
Saprobienindex S_x	$S_x = \frac{(h_1 \cdot s_1 \cdot g_1) + (h_2 \cdot s_2 \cdot g_2) + \ldots + (h_n \cdot s_n \cdot g_n)}{(h_1 \cdot g_1) + (h_2 \cdot g_2) + \ldots + (h_n \cdot g_n)}$	n Anzahl der untersuchten Organismenarten h Ausgezählte Häufigkeit der Organismen einer Art s Saprobienindex für die einzelne Art, gibt deren Optimum innerhalb der Saprobienstufen an g Indikationsgewicht (1–5), gibt Eignung einer Art als Indikator für bestimmte Güteklassen an (Bindung an nur eine Güteklasse g = 5; Vorkommen in zwei oder mehr Güteklassen g = 4, 3, 2, 1)

Grenzwerte für Stoffe im Trinkwasser

Stoffe	Blei	Cadmium	Kupfer	Phosphat	Quecksilber	Nitrat	Nitrit
Grenzwerte für die Massenkonzentration in mg/l	0,04	0,005	0,1	6,7	0,001	50	0,1

Immissionsgrenzwerte

Stoff	Grenzwerte für Massenkonzentration bzw. Volumenanteile
Kohlenstoffmonooxid	Langzeit-Konzentration in der Luft: max. 10 mg/m³ Kurzzeit-Konzentration in der Luft: max. 30 mg/m³
Kohlenstoffdioxid	Volumenanteil in der Atmosphäre: 0,036 % Keine Begrenzung – Auswirkung auf Treibhauseffekt
Schwefeldioxid	Langzeit-Konzentration in der Luft: 0,14 mg/m³ Kurzzeit-Konzentration in der Luft: max. 0,40 mg/m³
Stickstoffdioxid	Langzeit-Konzentration in der Luft: max. 0,08 mg/m³ Kurzzeit-Konzentration in der Luft: max. 0,20 mg/m³
Ozon	Konzentration in der Luft 0,18 mg/m³ (= Grenzwert für menschliche Belastung)
Staub	Langzeit-Konzentration in der Luft: max. 0,15 mg/m³ Kurzzeit-Konzentration in der Luft: max. 0,30 mg/m³

Informatik

Datendarstellung

Daten/Binärcode (Dualcode)

Alles, was sich in einer für den Computer erkennbaren Weise erfassen, verarbeiten, speichern und darstellen lässt, bezeichnet man in der elektronischen Datenverarbeitung als Daten. In Datenverarbeitungsanlagen werden Zeichen in Form von Signalen elektrischer (Spannung), optischer (Markierung) oder mechanischer (Lochung) Art dargestellt. Die Daten werden in Form des binären (dualen) Zahlensystems dargestellt. Dabei ist es möglich, zwei definierte Zustände (Signale) zu verwenden. Man bezeichnet die Zustände mit **„binär Eins"** (1) und mit **„binär Null"** (0).

Zahlensysteme (Dezimal-, Dual-, Hexadezimalzahlen)

↗ S. 8, 9

Einheiten

Bit	Das Bit ist die Einheit für die Anzahl der Binärentscheidungen. Es ist die kleinste Darstellungsform des Binärcodes. Zustand: 0 oder 1 (in der Technik: 0 – kein Strom = Low [L]; 1 – Strom = High [H])
Byte	Ein Byte ist die Zusammenfassung von 8 Bit zur Darstellung eines Zeichens. Aus den 8-Bitstellen ergeben sich 256 Kombinationsmöglichkeiten der Zeichendarstellung. weitere Einheiten: 1 Kbyte = 2^{10} Byte = 1024 Byte (1024 Zeichen) 1 Mbyte = 2^{20} Byte = 1024 kByte = 1048576 Byte (1048576 Zeichen) 1 Gbyte = 2^{30} Byte = 1024 Mbyte = 1073741824 Byte (1073741824 Zeichen) 1 Tbyte = 2^{40} Byte = 1024 Gbyte
Halbbyte	Ein Halbbyte ist die Zusammenfassung von 4 Bit zu einer Tetrade. 1 Byte kann in 2 Halbbyte zerlegt werden; das erste Halbbyte stellt den *Zonenteil* der Bitpositionen von 0 bis 3; das zweite den *Ziffernteil*, Bitpositionen von 4 bis 7 dar.

Zeichensätze im Computer

ASCII-Code	Der ASCII-Code (engl. American Standard Code for Information Interchange) ist die nationale Variante des ISO-7-Bit-Codes (engl. International Standard Organisation) in den USA. Durch die 7 Bitstellen hat dieser Code 128 Kombinationsmöglichkeiten für die Zeichendarstellung. Die Codes sind stets durch ein achtes Bit, das Paritäts-Bit (Prüfbit) ergänzt.
Erweiterter ASCII-Code	Für IBM-kompatible Computer, beispielsweise mit dem Betriebssystem DOS, wurde der ASCII-Code auf 256 Kombinationsmöglichkeiten zur Zeichendarstellung erweitert.

Ansi-Code	Windows-Betriebssysteme und Windows-Oberflächen nutzen für die ersten 128 Zeichen den gleichen Code wie das Betriebssystem DOS. Von 128 bis 255 werden die Zeichen mit dem Ansi-Code (engl. American National Standards Institute) codiert.
Unicode	Der Unicode (engl. Universal Multiple-Octet Coded Character Set) ist ein universeller Zeichensatz nach der ISO/ICE-Norm 10646, der alle wesentlichen Zeichen der meisten Sprachen enthält. Unicode arbeitet mit einem 16-Bit-Code (2^{16}). Damit lassen sich 65 536 Zeichen darstellen. Die ersten 128 Zeichen entsprechen dem ASCII-Code.

Bedeutung der Steuerzeichen (ASCII-Code)

dez	Steuer-zeichen	Bedeutung	dez	Steuer-zeichen	Bedeutung
0	NUL	Nil (Füllzeichen)	16	DLE	Datenübertragungsumschaltung
1	SOH	Anfang des Kopfes	17	DC 1	Gerätesteuerung 1
2	STX	Anfang des Textes	18	DC 2	Gerätesteuerung 2
3	ETX	Ende des Textes	19	DC 3	Gerätesteuerung 3
4	EOT	Ende der Übertragung	20	DC 4	Gerätesteuerung 4
5	ENQ	Stationsaufforderung	21	NAK	Negative Rückmeldung
6	ACK	Positive Rückmeldung	22	SYN	Synchronisierung
7	BEL	Klingel	23	ETB	Ende des Datenübertragungsblocks
8	BS	Rückwärtsschritt	24	CAN	ungültig
9	HT	Horizontal-Tabulator	25	EM	Ende der Aufzeichnung
10	LF	Zeilenvorschub	26	SUB	Substitution
11	VT	Vertikal-Tabulator	27	ESC	Umschaltung
12	FF	Formularvorschub	28	FS	Hauptgruppentrennung
13	CR	Wagenrücklauf	29	GS	Gruppentrennung
14	SO	Dauerumschaltung	30	RS	Untergruppentrennung
15	SI	Rückschaltung	31	US	Teilgruppentrennung

Bedeutung der Zeichen (erweiterter ASCII-Code)

	ASCII	Ansi		ASCII	Ansi		ASCII	Ansi		ASCII	Ansi		ASCII	Ansi		ASCII	Ansi		ASCII	Ansi		ASCII	Ansi
dez	DOS	Win	dez	DOS	Win	dez	DOS	Win	dez	DOS	Win	dez	DOS	Win	dez	DOS	Win	dez	DOS	Win	dez	DOS	Win
			60	<	<	90	Z	Z	120	x	x	150	û	–	180	┤	´	210	Ê	Ò	240	–	∂
			61	=	=	91	[	[	121	y	y	151	ù	—	181	Á	µ	211	Ë	Ó	241	±	ñ
32			62	>	>	92	\	\	122	z	z	152	ÿ	˜	182	Â	¶	212	È	Ô	242	=	ò
33	!	!	63	?	?	93	]	]	123	{	{	153	Ö	™	183	À	·	213	ı	Õ	243	¾	ó
34	"	"	64	@	@	94	^	^	124	|	|	154	Ü	š	184	©	¸	214	Í	Ö	244	¶	ô
35	#	#	65	A	A	95	_	_	125	}	}	155	ø	›	185	╣	¹	215	Î	×	245	§	õ
36	$	$	66	B	B	96	`	`	126	~	~	156	£	œ	186	║	°	216	Ï	Ø	246	÷	ö
37	%	%	67	C	C	97	a	a	127	⌂		157	Ø		187	╗	»	217	┘	Ù	247	˛	÷
38	&	&	68	D	D	98	b	b	128	Ç		158	×		188	╝	¼	218	┌	Ú	248	°	ø
39	'	'	69	E	E	99	c	c	129	ü		159	ƒ	Ÿ	189	¢	½	219	█	Û	249	¨	ù
40	(	(	70	F	F	100	d	d	130	é	‚	160	á		190	¥	¾	220	▄	Ü	250	·	ú
41	)	)	71	G	G	101	e	e	131	â	ƒ	161	í	i	191	┐	¿	221	¦	Ý	251	1	û
42	*	*	72	H	H	102	f	f	132	ä	„	162	ó	¢	192	└	À	222	Ì	þ	252	³	ü
43	+	+	73	I	I	103	g	g	133	à	…	163	ú	£	193	┴	Á	223	▀	ß	253	²	Ý
44	,	,	74	J	J	104	h	h	134	å	†	164	ñ	¤	194	┬	Â	224	Ó	à	254	■	þ
45	–	–	75	K	K	105	i	i	135	ç	‡	165	Ñ	¥	195	├	Ã	225	ß	á	255		ÿ
46	.	.	76	L	L	106	j	j	136	ê	ˆ	166	ª	¦	196	─	Ä	226	Ô	â			
47	/	/	77	M	M	107	k	k	137	ë	‰	167	º	§	197	┼	Å	227	Ò	ã			
48	0	0	78	N	N	108	l	l	138	è	Š	168	¿	¨	198	ã	Æ	228	õ	ä			
49	1	1	79	O	O	109	m	m	139	ï	‹	169	®	©	199	Ã	Ç	229	Õ	å			
50	2	2	80	P	P	110	n	n	140	î	Œ	170	¬	ª	200	╚	È	230	µ	æ			
51	3	3	81	Q	Q	111	o	o	141	ì		171	½	“	201	╔	É	231	þ	ç			
52	4	4	82	R	R	112	p	p	142	Ä		172	¼	¬	202	╩	Ê	232	þ	è			
53	5	5	83	S	S	113	q	q	143	Å		173	¡	-	203	╦	Ë	233	Ú	é			
54	6	6	84	T	T	114	r	r	144	É		174	«	®	204	╠	Ì	234	Û	ê			
55	7	7	85	U	U	115	s	s	145	æ	‘	175	»	¯	205	═	Í	235	Ù	ë			
56	8	8	86	V	V	116	t	t	146	Æ	’	176	░	°	206	╬	Î	236	ý	ì			
57	9	9	87	W	W	117	u	u	147	ô	“	177	▒	±	207	¤	Ï	237	Ý	í			
58	:	:	88	X	X	118	v	v	148	ö	”	178	▓	²	208	∂	Đ	238	¯	î			
59	;	;	89	Y	Y	119	w	w	149	ò	•	179	│	³	209	Đ	Ñ	239	´	ï			

Datentypen (Auswahl)

Datentyp	Beschreibung	Wertebereich (Visual-BASIC 6.0)
Boolean (logical)	speichert logische Werte	wahr (true) falsch (false)
Char (character)	speichert einzelne Zeichen (Ziffern, Buchstaben, ...)	Zeichen aus dem ASCII oder Ansi-Code
Currency (Währung)	speichert Festkommazahlen mit hoher Rundungsgenauigkeit mit 15 Vorkommastellen und 4 Nachkommastellen	– 922 337 203 685 477, 580 8 bis 922 337 203 685 477, 580 8
Date (Datum, Zeit)	speichert eine Kombination von Datum- und Zeitinformationen als Fließkommazahl	Datum: 01.01.100 bis 31.12.9999 Zeit: 00:00:00 bis 23:59:59
Double (Doppelt)	speichert eine Zahl mit Fließkomma und doppelter Genauigkeit (16 Stellen)	für negative Werte: $-1{,}8 \cdot 10^{308}$ bis $-4{,}9 \cdot 10^{324}$ für positive Werte: $4{,}9 \cdot 10^{324}$ bis $1{,}8 \cdot 10^{308}$
Integer (Ganz)	speichert ganze Zahlen	ganze Zahlen von – 32 768 bis 32 767
Real	speichert reelle Zahlen	
String (Zeichenfolge)	speichert eine endliche Aneinanderreihung von Zeichen (Zeichenfolge)	0 bis etwa 2 Milliarden Zeichen, in Windows 3.1 maximal 65 535 (64 K) Zeichen

Algorithmik

Strukturelemente der Algorithmierung in verschiedenen Darstellungsformen

Name	Verbal formuliert	Grafisch (Struktogramm)	Programmiersprache (PASCAL)
Sequenz			
Folge (Verbundanweisung)	Anweisung 1 Anweisung 2 ... Anweisung n	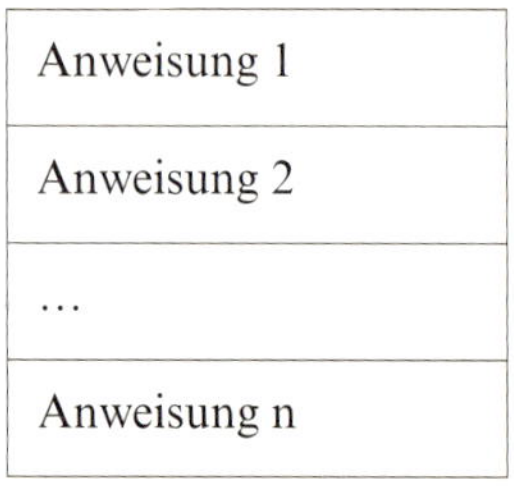	BEGIN Anweisung 1; Anweisung 2; ... Anweisung n; END. } Verbund
Selektion			
Einseitige Auswahl	WENN Bedingung DANN Anweisung	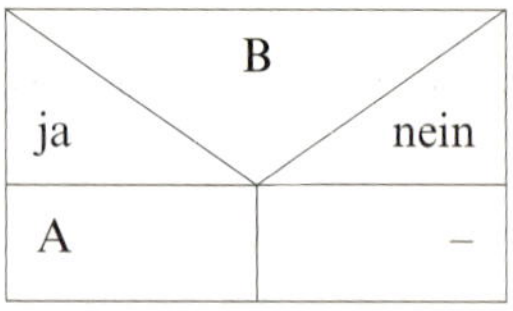	IF Bedingung THEN Anweisung;

Name	Verbal formuliert	Grafisch (Struktogramm)	Programmiersprache (PASCAL)
Zweiseitige Auswahl	WENN Bedingung DANN Anweisung 1 SONST Anweisung 2	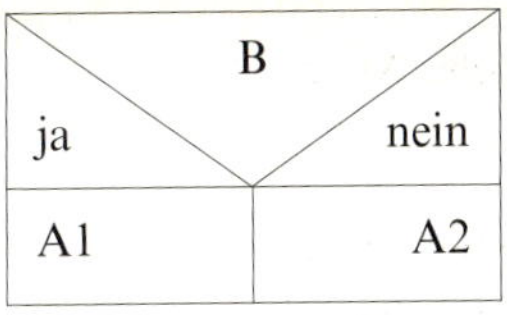	IF Bedingung THEN Anweisung 1 ELSE Anweisung 2;
Mehrseitige Auswahl (Fallunterscheidung)	FALLS Variable Wert 1: Anweisung 1 Wert 2: Anweisung 2 ... Wert n: Anweisung n ENDE	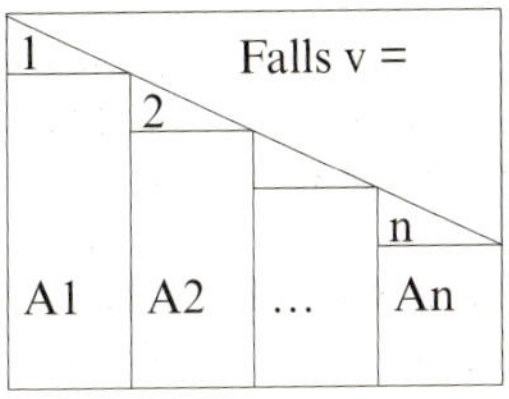	CASE Variable OF Wert 1: Anweisung 1; Wert 2: Anweisung 2; ... Wert n: Anweisung n; END.
Repetition (Schleifen)			
Wiederholschleife (mit nachgestelltem Test)	WIEDERHOLE Anweisung 1 ... Anweisung n BIS Bedingung	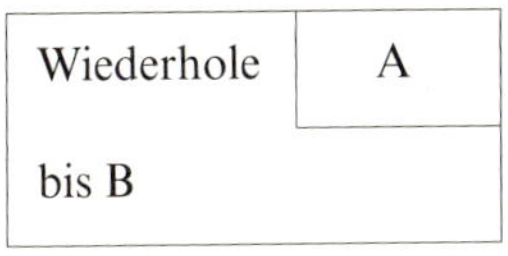	REPEAT Anweisung 1; ... Anweisung n; UNTIL Bedingung
Solangeschleife (mit vorangestelltem Test)	SOLANGE Bedingung TUE Anweisung	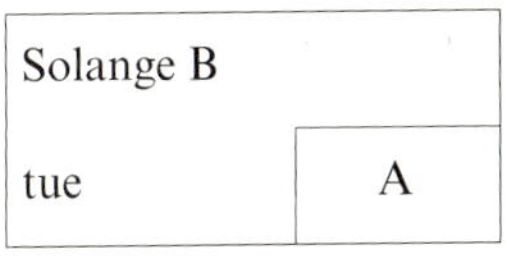	WHILE Bedingung DO Anweisung oder Verbund;
Zählschleife (gezählte Wiederholungen in Abhängigkeit einer Schrittweite)	FÜR I = aw BIS ew SCHRITT s TUE Anweisung	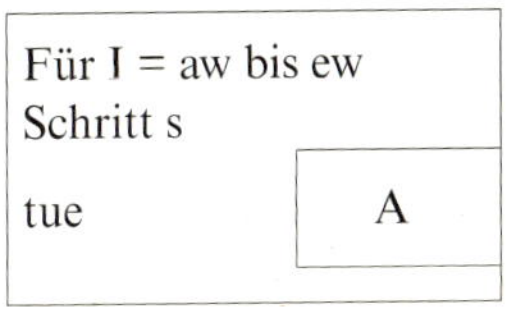	FOR I:= Anfangswert TO Endwert DO Anweisung oder Verbund;
Unteralgorithmus (Prozedur)			
Vereinbarung	(UNTERALGO Name) (DEKLARATIONEN) BEGINN Anweisungen ENDE	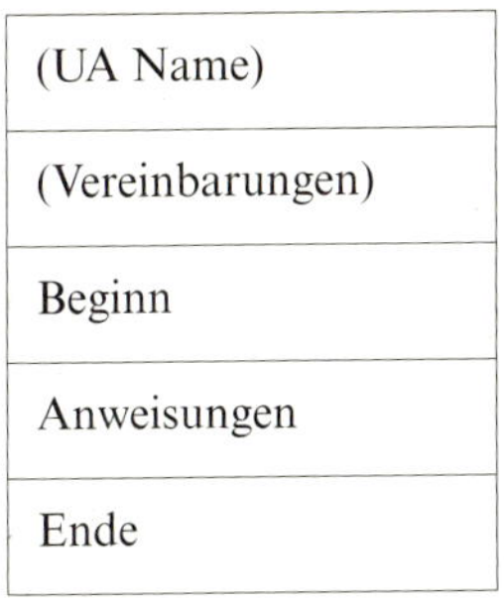	PROCEDURE Bezeichner Deklarationsteil; BEGIN Anweisungen END.
Aufruf	RUFE		Prozedurbezeichner

A = Anweisung; B = Bedingung; I = Variable; aw = Anfangswert; ew = Endwert; s = Schrittweite

Netzwerkkommunikation

Wichtige Begriffe und Abkürzungen

Browser	Programm zum Aufrufen von Web-Seiten.
Domain	Teil eines Netzwerks, der durch Einteilung oder Gliederung bestimmt wird. Speziell im Internet versteht man darunter eine aus organisatorischen oder inhaltlichen Gründen zusammengefasste Gruppe von IP-Adressen.
Download	Begriff für das Herunterladen von Daten aus einem Online-Dienst oder dem Internet auf einen lokalen Rechner.
E-Mail	Nachrichtenversendung (elektronische Post) in Form von Dokumenten, Grafiken, Video- und Audiodaten über Computernetze (Internet, Intranet, lokale Netze).
FTP	Protokoll (engl. File Transfer Protocol) im Internet, das die Dateiübertragung über FTP-Server steuert.
ISDN	Digitales Datennetz zur Übertragung von Texten, Bildern, Daten (engl. Integrated Services Digital Network).
Homepage	Startseite einer Person oder Institution im Internet.
HTML	Dokumentenbeschreibungssprache (engl. Hypertext Markup Language), zur Gestaltung von Internetseiten für Texte und andere Elemente wie z. B. Grafiken. ↗ S. 124
HTTP	Übertragungsprotokoll (engl. Hypertext Transfer Protocol), das das Übertragen von Web-Seiten ermöglicht. Textbestandteil jeder Web-Adresse (URL), die auf eine WWW-Seite verweist.
Hyperlink	Markierter Abschnitt auf einer Web-Seite oder eines HTML-Dokumentes, der auf eine andere Web-Seite, auf ein Objekt, ein Bild oder eine sonstige eingebundene Datei verweist. Durch Anklicken erfolgt der Sprung auf das Objekt.
Modem	Elektronisches Gerät (Modulator/Demodulator), welches die Signalpegel zweier unterschiedlicher Signalarten anpasst. Ein Modem übernimmt die Umwandlung digitaler Signale des Computers in analoge Signale der Telefonleitung und umgekehrt.
Provider	Dienstleister, der den Zugang zum Internet ermöglicht.
Server	Spezieller Rechner, der für die einzelnen Clients (Arbeitsplätze) Programme, Daten und Dienstleistungen bereithält.
TCP/IP	Standard (engl. Internet Protocol/Transmission Control Protocol), der den vollständigen und fehlerfreien Datentransport zwischen Netzcomputern regelt.
URL	Vollständige Web-Adresse (engl. Uniform Resource Locator), unter der sich eine Web-Seite aufrufen lässt. Eine URL ist einheitlich aufgebaut und beinhaltet den Typ der Ressource, mit dem verbunden werden soll (z. B. http://www.vwv.de/), die Adresse des Servers und den Ort der Datei.
WWW	Weltweites Informationssystem (engl. World Wide Web) im Internet zur Nutzung von unzähligen miteinander verknüpften Hypertextseiten.

Abkürzungen

Für die Kommunikation im WWW haben sich zahlreiche Abkürzungen eingebürgert. Ursache dafür waren am Anfang die Kosten für die Rechnerzeit.

AFAK	as far as I know (soviel ich weiß)	ILY	I love you (ich liebe dich)
AFK	away from keyboard (bin mal kurz weg)	IMO	in my opinion (meiner Meinung nach)
ASAP	as soon as possible (so bald als möglich)	IMHO	in my humble opinion (meiner bescheidenen Meinung nach)
BAW	bell and whistles (unnötiges drumherum)	IMPOV	in my point of view (aus meiner Sicht)
BBL	be back later (komme später wieder)	IOW	in other words (mit anderen Worten)
BION	believe it or not (ob du es glaubst oder nicht)	LOL	laughing out loud (da kann ich nur laut lachen)
BOT	back on topic (zurück zum Thema)	MHOTY	my hat's off to you (ich ziehe den Hut vor dir (Respekt))
BRB	be right back (bin sofort wieder zurück)	MOM	moment (einen Moment bitte)
BTW	by the way (nebenbei bemerkt)	NRN	no reply necessary (keine Antwort notwendig)
CU	see you (man sieht sich)	OIC	oh I see (oh, ich verstehe)
CUL	see you later (wir sehen uns später)	OTOH	on the other hand (andererseits)
FCFS	first come, first served (wer zuerst kommt, …)	PLZ	please (bitte)
FM	from memory (aus dem Gedächtnis)	PMJI	pardon me for jumping in (entschuldige, dass ich mich einmische)
FOAF	friend of a friend (ein Freund des Freundes)	ROFL	rolling on the floor, laughing (vor lachen auf dem Boden wälzen)
FYA	for your amusement (zu deinem Vergnügen)	TIA	thanks in advance (Dank im Voraus)
FYI	for your information (zu deiner Information)	THX	thanks (danke)
GFC	going for coffee (mache eine Kaffeepause)	WAEF	when all else fails (wenn alles andere schief geht)
HHOJ	ha ha only joking (ha ha, war nur ein Witz)	WRT	with regards to … (mit Grüßen an)
HTH	hope this helps (hoffe das hilft)		
IAE	in any event (in jedem Fall)		

Emoticons

Mit Emoticons, auch Smileys genannt, kann man Gefühle im WWW übermitteln. Gebildet aus: Emotion (engl. Gefühl) und Icon (engl. bildliche Darstellung).

<table>
<tr><td>:-)</td><td>lächeln</td><td>:-></td><td>verschmitzt</td><td>8-)</td><td>Brillenträger</td></tr>
<tr><td>:-D</td><td>lautes Lachen</td><td>>:-></td><td>boshafte Bemerkung</td><td>*:o)</td><td>Clown</td></tr>
<tr><td>:-P</td><td>Zunge rausstrecken</td><td>:-o</td><td>oh, Erstaunen</td><td>*<:-)</td><td>Weihnachtsmann</td></tr>
<tr><td>:-/</td><td>skeptisch</td><td>:-O</td><td>schreien</td><td>8:o)</td><td>Mickey Mouse</td></tr>
<tr><td>:-(</td><td>traurig</td><td>:-*</td><td>küssen</td><td>O:-)</td><td>Engel</td></tr>
<tr><td>:-C</td><td>sehr traurig</td><td>:-x</td><td>Kuss</td><td>]:-></td><td>Teufel</td></tr>
<tr><td>:(</td><td>sehr sehr traurig</td><td>:-X</td><td>schweigend</td><td>:-!</td><td>Raucher</td></tr>
<tr><td>:[</td><td>deprimiert</td><td>:-|</td><td>ernst</td><td>8:]</td><td>Gorilla</td></tr>
<tr><td>:'-(</td><td>weinen</td><td>:*)</td><td>flapsig/betrunken</td><td>8)</td><td>Frosch</td></tr>
<tr><td>'-)</td><td>ein Auge zukneifen</td><td>I-o</td><td>langweilig</td><td>3:]</td><td>Kuh</td></tr>
<tr><td>;-)</td><td>augenzwinkernd</td><td>(:-…</td><td>zu Tränen gerührt</td><td>:---)</td><td>Pinocchio</td></tr>
</table>

Top Level Domain (TLD)

Generic Top Level Domain (gTLD)					
gTLD	Bezeichnung	gTLD	Bezeichnung	gTLD	Bezeichnung
.aero	Fluggesellschaften/ Reisebranche	.edu	Bildungseinrichtungen	.museum	Museen
.biz	Firmen/Unternehmen	.gov	US-Regierung	.name	Privatpersonen
.com	kommerzielle Organisationen	.info	Informationsangebote	.net	Netzwerke
.coop	Genossenschaften	.int	internationale Organisationen	.org	nichtkommerzielle Organisationen
		.mil	US-Militär	.pro	Computerbranche

Country Code Top Level Domain (cTLD)

cTLD	Land
.ac	Ascension
.ad	Andorra
.ae	Vereinigte Arab. Emirate
.af	Afghanistan
.ag	Antigua und Barbuda
.ai	Anguilla
.al	Albanien
.am	Armenien
.an	Niederländische Antillen
.ao	Angola
.aq	Antarktis
.ar	Argentinien
.as	Amerikanisch Samoa
.at	Österreich
.au	Australien
.aw	Aruba
.az	Aserbaidschan
.ba	Bosnien-Herzegowina
.bb	Barbados
.bd	Bangladesch
.be	Belgien
.bf	Burkina Faso
.bg	Bulgarien
.bh	Bahrain
.bi	Burundi
.bj	Benin
.bm	Bermuda
.bn	Brunei
.bo	Bolivien
.br	Brasilien
.bs	Bahamas
.bt	Bhutan
.bv	Bouvetinsel (norw.)
.bw	Botswana
.by	Weißrußland
.bz	Belize
.ca	Kanada

cTLD	Land
.cc	Kokosinsel
.cd	DR Kongo
.cf	Zentralafrikan. Republik
.cg	Kongo
.ch	Schweiz
.ci	Côte d'Ivoire
.ck	Cookinseln
.cl	Chile
.cm	Kamerun
.cn	China
.co	Kolumbien
.cr	Costa Rica
.cu	Kuba
.cv	Kap Verde
.cx	Christmasinsel
.cy	Zypern
.cz	Tschechische Republik
.de	Deutschland
.dj	Dschibuti
.dk	Dänemark
.dm	Dominica
.do	Dominikan. Republik
.dz	Algerien
.ec	Ecuador
.ee	Estland
.eg	Ägypten
.eh	West-Sahara
.er	Eritrea
.es	Spanien
.et	Äthiopien
.fi	Finnland
.fj	Fidschi
.fk	Falklandinseln (brit.)
.fm	Mikronesien
.fo	Färöer (dän.)
.fr	Frankreich

cTLD	Land
.ga	Gabun
.gd	Grenada
.ge	Georgien
.gf	Französisch Guayana
.gg	Guernsey (brit.)
.gh	Ghana
.gi	Gibraltar
.gl	Grönland (dän.)
.gm	Gambia
.gn	Guinea
.gp	Guadeloupe
.gg	Äquatorialguinea
.gr	Griechenland
.gs	Südgeorgien und Süd-Sandwich-Inseln
.gt	Guatemala
.gu	Guam
.gw	Guinea-Bissau
.gy	Guyana
.hk	Hongkong
.hm	Heard- und McDonald-Inseln
.hn	Honduras
.hr	Kroatien
.ht	Haiti
.hu	Ungarn
.id	Indonesien
.ie	Irland
.il	Israel
.im	Isle of Man (brit.)
.in	Indien
.io	Indischer Ozean (brit.)
.iq	Irak
.ir	Iran
.is	Island
.it	Italien

cTLD	Land
.je	Jersey
.jm	Jamaika
.jo	Jordanien
.jp	Japan
.ke	Kenia
.kg	Kirgistan
.kh	Kambodscha
.ki	Kiribati
.km	Komoren
.kn	Saint Kitts und Nevis
.kp	Nordkorea
.kr	Südkorea
.kw	Kuwait
.ky	Cayman-Insel
.kz	Kasachstan
.la	Laos
.lb	Libanon
.lc	Saint Lucia
.li	Liechtenstein
.lk	Sri Lanka
.lr	Liberia
.ls	Lesotho
.lt	Litauen
.lu	Luxemburg
.lv	Lettland
.ly	Libyen
.ma	Marokko
.mc	Monaco
.md	Moldau
.mg	Madagaskar
.mh	Marshallinseln
.mk	Mazedonien
.ml	Mali
.mm	Myanmar
.mn	Mongolei
.mo	Macau
.mp	Nördl. Marianen Inseln
.mq	Martinique
.mr	Mauretanien
.ms	Montserrat
.mt	Malta
.mu	Mauritius
.mv	Malediven
.mw	Malawi
.mx	Mexiko
.my	Malaysia
.mz	Mosambik
.na	Namibia
.nc	Neukaledonien
.ne	Niger
.nf	Norfolk-Inseln
.ng	Nigeria
.ni	Nicaragua
.nl	Niederlande
.no	Norwegen
.np	Nepal
.nr	Nauru
.nu	Niue
.nz	Neuseeland
.om	Oman
.pa	Panama
.pe	Peru
.pf	Französisch Polynesien
.pg	Papua-Neuguinea
.ph	Philippinen
.pk	Pakistan
.pl	Polen
.pm	St. Pierre und Miquelon
.pn	Pitcairn
.pr	Puerto Rico
.ps	geplant für Palästina
.pt	Portugal
.pw	Palauseln
.py	Paraguay
.qa	Katar
.re	Réunion
.ro	Rumänien
.ru	Russland
.rw	Ruanda
.sa	Saudi Arabien
.sb	Salomonen
.sc	Seychellen
.sd	Sudan
.se	Schweden
.sg	Singapur
.sh	St. Helena
.si	Slowenien
.sj	Svalbard und Jan Mayen Inseln (norw.)
.sk	Slowakei
.sl	Sierra Leone
.sm	San Marino
.sn	Senegal
.so	Somalia
.sr	Suriname
.st	São Tomé und Principe
.sv	El Salvador
.sy	Syrien
.sz	Swasiland
.tc	Turks- und Caicos-Inseln
.td	Tschad
.tf	Französische Südterritorien
.tg	Togo
.th	Thailand
.tj	Tadschikistan
.tk	Tokelauinseln
.tm	Turkmenistan
.tn	Tunesien
.to	Tonga
.tp	Ost Timor
.tr	Türkei
.tt	Trinidad und Tobago
.tv	Tuvalu
.tw	Taiwan
.tz	Tansania
.ua	Ukraine
.ug	Uganda
.uk	Großbritannien
.um	Minor Outlying Island (USA)
.us	Vereinigte Staaten (USA)
.uy	Uruguay
.uz	Usbekistan
.va	Vatikanstadt
.vc	Saint Vincent und die Grenadinen
.ve	Venezuela
.vg	Virgin-Inseln (brit.)
.vi	Virgin-Inseln (USA)
.vn	Vietnam
.vu	Vanuatu
.wf	Wallis und Futuna Inseln
.ws	Samoa
.ye	Jemen
.yt	Mayotte
.yu	Jugoslawien
.za	Südafrika
.zm	Sambia
.zr	Zaire
.zw	Simbabwe

HTML-Befehle (Auswahl)

Tag	Beschreibung
Grundlagen	
<html> … </html>	Jedes HTML-Dokument beginnt mit dem tag <html> und schließt mit dem tag </html>. Das Dokument gliedert sich in die Teile head und body.
<head> … </head>	Bilden den Rahmen für den Kopf der Seite. Er enthält Informationen über die Seite und deren Verwaltung, die aber nicht auf der Seite ausgedruckt werden.
<title> *Text* </title>	Können innerhalb von head benutzt werden. *Text* gibt den Titel der Seite an, dieser erscheint in der Fensterleiste.
<body> ... </body>	Der sichtbare Inhalt einer HTML-Seite (Text und Bilder) wird zwischen <body> und </body> eingegeben.
Textgestaltung	
 	Einfügen eines Zeilenumbruchs
<hr size= „n“>	Erzeugen einer horizontalen Linie. Mit size „n“ kann die Höhe der Linie in Pixel eingestellt werden.
<h1> *Text* </h1> bis <h6> *Text* </h6>	Der *Text* wird als Überschrift dargestellt. Die Größe ist zwischen 1 und 6 wählbar.
<b> *Text* </b>	Der *Text* wird halbfett dargestellt.
<blink> *Text* </blink>	Der *Text* wird blinkend dargestellt.
Tabellen	
<table> *Tabelle* </table>	Definieren Anfang und Ende einer Tabelle.
<tr> *Zeile der Tabelle* </tr>	Es wird eine Tabellenzeile erzeugt.
<td> *Zelleninhalt* </td>	Damit werden innerhalb einer Tabellenzeile die Daten aufgeführt.
<th> *Überschrift* </th>	Damit wird eine Kopfzeile in die Tabelle eingefügt.
<table border=n> *Tabelle* </table>	Es wird ein Rahmen um die *Tabelle* mit der Linienstärke n gezogen.
Links	
<a href=„Ziel“> *Text* </a>	Der *Text* wird andersfarbig oder unterstrichen dargestellt. Er ist die Markierung, von der aus gesprungen werden kann. Das Ziel ist die Sprungadresse.
Grafiken	
<img src= *„Dateiname“* >	Das Bild *„Dateiname“* wird eingefügt.

HTML (engl. Hypertext Markup Language)

Register